化学与生活

刘　翠　赵玲玲　张　骞　编著

電子工業出版社
Publishing House of Electronics Industry
北京 · BEIJING

内 容 简 介

本书详细介绍了化学在生活中的应用，共分为9章：化学与服饰、化学与食品、化学与建筑、化学与出行、化学与药物、化学与化妆品、化学与文化用品、化学与能源、化学与环境。每章都从历史的角度为读者详细介绍了自古以来化学在生活中的应用，每一章都配有“思考与讨论”栏目，或提出与我们生活密切相关的话题，或为大家解答来自生活中的问题。书中还配有“趣味小实验”“化学知识小链接”等栏目，使读者在动手操作小实验的同时可以体验化学带来的乐趣，从而激发读者对化学的学习兴趣，帮助读者更加深入地了解身边的化学现象。

本书可作为科普读物以提升大学生的科学素养，也可以作为非化学专业本科生公选课或通识课的教材。

图书在版编目（CIP）数据

化学与生活 / 刘翠，赵玲玲，张骞编著. —北京：电子工业出版社，2023.12

ISBN 978-7-121-46917-6

Ⅰ. ①化… Ⅱ. ①刘… ②赵… ③张… Ⅲ. ①化学－普及读物 Ⅳ. ①O6-49

中国国家版本馆 CIP 数据核字（2023）第 244093 号

责任编辑：杜　军
印　　刷：北京虎彩文化传播有限公司
装　　订：北京虎彩文化传播有限公司
出版发行：电子工业出版社
　　　　　北京市海淀区万寿路 173 信箱　　邮编：100036
开　　本：787×1 092　1/16　印张：8.5　　字数：214.4 千字
版　　次：2023 年 12 月第 1 版
印　　次：2024 年 10 月第 5 次印刷
定　　价：29.00 元

凡所购买电子工业出版社图书有缺损问题，请向购买书店调换。若书店售缺，请与本社发行部联系，联系及邮购电话：（010）88254888，88258888。

质量投诉请发邮件至 zlts@phei.com.cn，盗版侵权举报请发邮件至 dbqq@phei.com.cn。

本书咨询联系方式：dujun@phei.com.cn。

前　言

化学与我们的生产和生活息息相关，因此，掌握一些化学知识对我们来说是非常有必要的。作者希望给高校非化学专业的学生提供一本科普读物，同时也希望本书能为非化学专业的“化学与生活”课程提供一本可选择的教材。

本书特点：

1．每章都从历史的角度为读者详细介绍了自古以来化学在生活中的应用，每一章都配有“思考与讨论”栏目，或提出与我们生活密切相关的话题，或为大家解答来自生活中的问题。

2．书中还配有“趣味小实验”“化学知识小链接”等栏目，使读者在动手操作小实验的同时可以体验化学带来的乐趣。

3．每章都详细介绍了化学在生活中的应用，可以激发读者对化学的学习兴趣，帮助读者更加深入地了解身边的化学现象。

本书共分为 9 章：化学与服饰、化学与食品、化学与建筑、化学与出行、化学与药物、化学与化妆品、化学与文化用品、化学与能源、化学与环境。

本书由刘翠（江苏师范大学化学与材料科学学院）、赵玲玲（江苏师范大学化学与材料科学学院）、张骞（聊城大学化学化工学院）主要编写，参与编写的还有：邢蓓蓓（江苏师范大学化学与材料科学学院）、刘银平（江苏师范大学化学与材料科学学院）、胥人匀（成都市大弯中学）、魏海（徐州一中云龙实验学校）、刘晓芹（江苏师范大学化学与材料科学学院）、王玉婷（江苏师范大学化学与材料科学学院）、李玉婷（江苏师范大学化学与材料科学学院）、李信（江苏师范大学化学与材料科学学院）、章健（江苏师范大学化学与材料科学学院）。

在本书的编写过程中，编者虽耗费了大量的时间和精力进行构思和选材，参考了大量有影响力的著作，引用了很多作者的论文（已作为参考文献附于书后），但由于编者的知识水平和能力有限，书中难免有疏漏之处，恳请读者不吝指教。

编　者

目　录

第一章　化学与服饰……1
第一节　服饰面料及提取技术演变……1
一、古代主要纺织原料及提取技术……1
二、现代主要纺织原料及提取技术……3
第二节　染料的演变……6
一、古代染料及染色技术……6
二、现代染料及染色技术……11
思考与讨论……13
第二章　化学与食品……14
第一节　平衡膳食宝塔……14
一、谷物……15
二、水果与蔬菜……16
三、肉、蛋、乳、豆类……16
四、油脂……18
第二节　碳水化合物……18
一、单糖……19
二、低聚糖……19
三、多糖……19
第三节　维生素……20
一、脂溶性维生素……20
二、水溶性维生素……21
第四节　蛋白质……23
一、蛋白质的概述……23
二、蛋白质的基本组成单位—氨基酸……24
三、蛋白质的性质与功能……24
四、食品中常见的蛋白质……25
第五节　脂类……25
一、脂类的概述……25

二、脂类的分类……26
三、脂类的性质与功能……27
第六节 食品添加剂与食品安全……28
一、食品添加剂……29
二、食品安全……29
思考与讨论……30

第三章 化学与建筑……31
第一节 建筑材料的演变……31
一、建筑材料的发展史……31
二、绿色建筑材料……35
第二节 门窗的发展……36
一、门窗材料的发展……36
二、新型门窗材料的发展……39
第三节 涂料的发展……40
第四节 建筑材料与化学污染……41
思考与讨论……43

第四章 化学与出行……44
第一节 出行工具及能源的演变……44
一、古代的车、船……44
二、蒸汽机的出现……45
三、以石油为动力的内燃机的出现……46
四、清洁能源时代……48
第二节 材料的演变……51
一、金属材料在交通工具上的应用……51
二、陶瓷材料在交通工具上的应用……52
三、橡胶材料在交通工具上的应用……52
思考与讨论……53

第五章 化学与药物……54
第一节 天然药物……54
一、植物药……54
二、抗生素……57
第二节 生活中常见的化学合成药物……60
一、感冒药……60

二、抗胃溃疡药……63
三、抗高血压药……66
第三节　毒品……69
一、天然毒品……69
二、半合成毒品……71
三、合成毒品……72
思考与讨论……73

第六章　化学与化妆品……74
第一节　清洁类化妆品……74
一、洗面奶……74
二、洗发水……75
三、沐浴露……77
四、牙膏……77
第二节　保养类化妆品……78
一、美白祛斑……78
二、防晒……79
三、抗皱、抗衰老……80
四、补水保湿……81
第三节　美化类化妆品……82
一、口红……82
二、粉底……84
三、眉笔……85
四、指甲油、甲油胶与护甲……85
第四节　修正人体气味类化妆品……86
思考与讨论……88

第七章　化学与文化用品……89
第一节　笔……89
一、毛笔……89
二、铅笔……90
三、钢笔……91
四、圆珠笔……92
第二节　纸……93
一、宣纸……93
二、新闻纸……93

三、书写纸……94
四、复写纸……94
五、铜版纸……94
六、印钞纸……95
第三节 墨……95
一、块墨……95
二、墨水……96
三、油墨……97
第四节 橡皮……97
第五节 胶水……98
第六节 颜料……98
一、水彩颜料……98
二、油画颜料……99
三、国画颜料……99
思考与讨论……99

第八章 化学与能源……100
第一节 柴草时期人们使用的能源……100
一、太阳能……100
二、风能和水能……101
第二节 煤炭时期人们使用的能源……102
一、煤炭……102
二、煤炭的形成……102
三、煤炭的组成……102
四、煤炭的结构……103
五、煤炭的用途……104
第三节 石油时期人们使用的能源……105
一、石油……105
二、天然气……107
第四节 新能源时期人们使用的能源……108
一、生物质能……108
二、核能……109
三、氢能……109
思考与讨论……110

第九章 化学与环境……111

第一节　环境变迁……111
第二节　大气污染……112
一、雾霾……112
二、臭氧层空洞……113
三、酸雨……114
第三节　土壤污染……114
一、土壤污染物……115
二、土壤污染源……115
三、土壤污染的危害……115
四、土壤污染的防治……116
第四节　水体污染……116
一、水资源污染物……117
二、水体的净化……118
思考与讨论……119
参考文献……120

第一章 化学与服饰

中国素来享有“衣冠王国”的美誉。从原始社会到近现代社会，在历史发展的长河中，经过生产劳动和社会实践，中华民族创造了无数精美绝伦的服装，以及繁复的技术工艺。进入现代以来，服饰面料不仅充分利用传统的棉、麻、蚕丝等天然原料，还使用了很多化工合成面料(如合成纤维、智能材料等)，可选种类越来越多，满足了人们不同场合的穿衣需求。

第一节 服饰面料及提取技术演变

一、古代主要纺织原料及提取技术

古代纺织原料主要以天然纤维为主，包括蚕丝纤维、植物纤维和动物毛纤维。古代的服饰除了保暖、美观，还能区分不同阶层的人群。例如，在春秋战国时期，劳动人民的服饰使用大麻、苎麻等植物纤维，而贵族的服饰使用丝织物。

(一)蚕丝纤维

蚕丝的主要成分是丝素和丝胶。丝素是蚕丝的主体，是一种近于透明的纤维，不溶于水。丝胶是包裹在丝素外面的黏性物质，能溶于水。在清水中，丝胶的溶解度与水的温度有很大关系。水温在60℃以下时，丝胶的溶解度非常小；水温大于60℃时，随着水温的升高，溶解度逐渐增大。在沸水中，蚕丝经10小时便可完全脱胶。

人们常利用丝素和丝胶在水中溶解度的不同分解蚕茧、抽引蚕丝，这个过程叫作“缫丝”。用这种方法得到的蚕丝含有杂质，为了使蚕丝更加白亮顺滑，就需要进行进一步处理，即“练丝”。古代常用的练丝方法有灰练、水练、酶练及捣练等。其中，灰练是把生丝放进水中，加入草木灰来改变水的pH值，使得练丝能在常温下进行。水练是将生丝白天放在太阳光下暴晒，夜晚放在井水中浸泡，白天再取出暴晒，如此反复，连续7日7夜。水练的原理：利用日光中的紫外线照射使得蚕丝纤维中的丝胶熔融，色素降解，从而完成脱胶、漂白；利用昼夜温差，促进蚕丝纤维中残留的色素、丝胶和其他杂质析出并溶于井水中，从而提高蚕丝纤维的纯度和白度，并使其产生独特的光泽和柔软的手感。

(二)植物纤维

植物纤维分为麻纤维和棉纤维，主要来自于大麻、苎麻、亚麻及棉花等植物。植物纤维的主要成分为纤维素，是由β–葡萄糖缩合而成的聚合物。麻布是中国历史上最为久远的传统布料之一，其中苎麻的纺织性能最好。棉纤维在生长过程中，分子链自然螺旋扭曲形成纤维素束。显微镜下可观察到棉纤维呈细长略扁的椭圆形管状空心结构，麻纤维则是实心棒状结构。

麻纤维的制取一般要经过剥皮、沤渍、晾晒打碎三个过程。以苎麻为例进行介绍：①剥皮。用竹刀或铁刀将苎麻皮与白瓤分离。②沤渍。苎麻皮的主要成分有纤维素、半纤维素、果胶、木质素及其他杂质等。其中，半纤维素、果胶、木质素等对纤维纺织染整影响极大。因此，在纺织染整前，须对苎麻皮进行脱胶。在古代，常用“沤”的方法获取麻纤维。沤的具体方法又分为水沤和露水沤。其中，水沤应用最广，将收割的苎麻株或剥下的苎麻皮，浸泡在水中1～2周，利用水和水中的细菌溶解、腐蚀包围在韧皮纤维束外面的蜂窝状结缔组织和胶质，从而获得麻纤维。③晾晒打碎。“沤”过的苎麻茎皮经过晒干或烘干，再放置一段时间，使纤维与苎麻茎彻底分离，用手或木棒把苎麻茎中的脆木质压碎，去掉木质碎片即可得到麻纤维。古代常用的脱胶方法还有灰液煮练、土法煮麻等。至今，用苎麻生产夏布仍采用土法煮麻工艺。

古代棉纤维的制取一般分为三个过程：轧棉、开松和卷筵。采摘下来的棉花含有棉籽，去籽之后才能用于纺纱。起初，世界各地去除棉籽的方法基本都是手剥或借助棍棒赶压除籽。直至13世纪末，我国出现了手工轧棉机具——手摇搅车。明代时，广泛使用有踏杆装置的轧车轧棉。棉花除籽后，需将其开松，去除棉花中的一些杂物，以保证棉纤维洁净。卷筵是将开松好的棉花搓成筒条状，便于纺纱时从棉条中连续地抽取棉纤维。

棉纤维制作出的棉布仍需精练。清代江南地区精练棉布普遍使用发酵槌捣法。其工艺过程为：将发酵液倒入砂缸，用石块将棉布压至发酵液中，浸泡24小时，取出棉布拧干，放在石盘或木台上，用木棒槌捣后再将棉布浸压在发酵液中。反复数次，直至手感变软，取出水洗，精练完成。其原理是：发酵液中的果胶酶、蛋白酶和纤维素酶，能够去除棉纤维上的杂质，并具有退浆、练白作用；槌捣有助于除去棉纤维上的杂质，并具有退浆、增染作用。

彩棉也是天然纤维。早在4 000年前，秘鲁开始种植天然彩棉。彩棉在生产加工过程中不需要进行染色、漂白、煮炼等化学过程，属于真正的绿色环保纺织产品。但遗憾的是，天然彩棉纤维的颜色不够均匀。造成颜色不均匀的原因是彩棉纤维主要由初生层、次生层及中腔等结构构成，而色素仅存在于次生层的胞壁内，而且彩棉纤维的中间部分和两端的成熟度不一样，成熟度较好的中间部分颜色相对较深。

目前，彩棉已在生命健康、航空航天、智能感应等领域有非常广泛的应用。

农业知识小链接——天然彩棉

20世纪末，采用天然彩棉纤维与羊毛进行混纺的工艺首次应用在衬衣上，以降低面料成本和控制缩水率。由于这类制品的光泽性与后整理效果较好，于是人们开始大规模开发与应用彩棉。如今，世界各地的很多棉花育种专家都开始研究天然彩棉。我国新疆地区已成为世界上最大的彩棉生产基地，其产量占中国彩棉产量的95%和世界彩棉产量的 60%。据国际有机农业委员会预测，未来 30 年内，彩棉和有机棉的总产量将占全球棉花总产量的30%。由此可见，天然彩棉在全球具有广阔的市场前景。

(三) 动物毛纤维

在纺织领域运用的动物毛纤维主要取自绵羊、山羊、牦牛、骆驼、兔及某些飞禽。动物毛纤维比蚕丝纤维粗短。在各种兽毛中，羊毛较为常见。构成羊毛的蛋白质有两种：细胞间质蛋白，其含硫较多；纤维质蛋白，其含硫较少。两者构成羊毛纤维的骨架，并赋予羊毛纤维较好的耐磨性。

羊毛由于绞缠在一起，通常不能直接用于纺纱，需要经过采集、净毛、梳毛三个步骤处理后才能达到纺纱要求。古代净毛工艺采用酸性或碱性溶液。由于动物毛纤维大多含有色素，因此需要进行漂白。如今动物毛纤维的漂白工艺是利用重金属离子的催化作用，用过氧化氢破坏色素的发色基团，并使之溶解于漂液中。但色毛(兔毛、驼毛等)的漂白存在毛纤维损伤大、手感光泽差等问题。

二、现代主要纺织原料及提取技术

随着化学等自然科学的发展，纺织面料除前文提及的蚕丝纤维、植物纤维等天然纤维外，还出现了人造纤维和合成纤维等其他新型面料。

(一) 天然纤维

现代天然纤维主要有蚕丝纤维、棉纤维、麻纤维、动物毛纤维和新近出现的竹纤维等，优点是处理过程中不需要添加过多的化学试剂，释放的有害物质比较少。蚕丝纤维、棉纤维、麻纤维及动物毛纤维已经在前文介绍过，这里重点介绍竹纤维。

我国素有“竹子王国”的美称。竹纤维是从竹子中提取的一种纤维素纤维，被称为“第五大天然纤维”。竹纤维分为竹原纤维(也称为天然竹纤维)和竹浆纤维(也称为再生竹纤维)。竹原纤维是采用物理或微生物脱胶法从竹子中直接提取的纤维。竹子中的木素、多糖、竹粉、果胶等杂质可通过化学机械法、蒸煮锤击法等传统方法去除。竹浆纤维是以竹子为原料，经一定工艺制成竹浆粕，再将竹浆粕加工成纤维。竹浆纤维分为竹莱赛尔(Lyocell)纤维和竹黏胶纤维。其中，竹黏胶纤维是以普通黏胶纤维生产工艺路线为基础，制取竹浆粕，先用碱和二硫化碳处理竹浆粕制成黏胶溶液，再经计量纺丝制成。

(二) 人造纤维

纤维素是地球上最丰富的有机聚合物，是纤维的基本组成部分之一，可加工成人造纤维及一系列衍生产品。人造纤维包括黏胶纤维、醋酯纤维和铜氨纤维等。

黏胶纤维是现阶段市场上主要的人造纤维，其主要成分为化学浆粕，是以天然纤维为原料，经碱化、老化及磺化处理形成纤维素黄原酸酯后，再用稀碱液处理所得的人造纤维。黏胶纤维的横截面为锯齿形，纵向可观察到少量横条纹，这是纤维再生过程中经过拉伸、卷绕、干燥、收缩而形成的特有形态。

醋酯纤维是新型纤维素纤维产品。现阶段，市场上的醋酯纤维制品包括烟用丝束、高档服装面料与里衬等。醋酯纤维取材于可再生木浆或棉绒浆，是由纤维素与醋酸酐反应所得的纤维素醋酸酯制成的纤维。根据纤维素大分子上的羟基被乙酰基取代的程度不同，分为二醋酯纤维和三醋酯纤维。根据纤维的长度不同，可分为长纤维和短纤维，其中长纤维手感柔软滑爽，有良好的光泽，与真丝相似。醋酯纤维是一种环境友好的纤维素，可以通过生物降解、光降解和化学降解，最终分解为水、二氧化碳和少量甲烷等气态物。

铜氨纤维是将纤维素浆粕溶解于氢氧化铜或碱性铜盐的浓铜氨溶液中，制成铜氨纤维素纺丝液，再在水或稀碱溶液的凝固浴中纺丝而制得的。铜氨纤维的特点是吸湿、抗静电、悬垂性好，其表面光滑、光泽柔和，常用于制作高档丝织物，符合当前的绿色消费趋势。

（三）合成纤维

合成纤维是以合成高分子化合物作为原料而制得的化学纤维的统称。中国科学院院士朱美芳曾经说道：“新中国成立初期我国没有自己的合成纤维。1998 年，我国合成纤维的产能已经超过美国。目前，我国合成纤维的产能占全世界 70%以上。我国合成纤维工业从最初为了解决穿衣问题，到目前已在生命健康、航空航天、智能感应等领域都有非常广泛的应用。”

工业知识小链接——合成纤维行业的发展方向在哪里

王华平教授认为合成纤维的可持续发展需要建立从原料、制造、产品到归宿的全生命周期的绿色评价，需要利用绿色原料、绿色技术和绿色产品实现整个产业链的可持续发展。合成纤维的发展趋势是高性能纤维、多功能通用纤维、绿色低碳环保纤维、医疗卫生纤维和智能纤维。例如，碳纤维可作为汽车车体轻量化的重要材料；高性能纤维（如可被人体吸收的手术缝合线、纱布及人造血管等）能在医疗领域发挥重要作用。

对于制造合成纤维的聚合物而言，长链的高分子化合物可以是直线状或卷曲状的。要把聚合物变成可以纺丝的合成纤维有干法纺丝和湿法纺丝两种方法。干法纺丝：首先加热聚合物使其熔化为黏稠的液体，然后将液体从喷丝头的细孔中压出，最后经过空气或水的冷却作用，凝固成合成纤维的细丝；湿法纺丝：先将聚合物溶解在适量的溶剂中，配成聚合物溶液，再将该溶液从喷丝头的细孔中压出，使溶液变成细流，通过热空气将其中的溶剂挥发后，聚合物就凝固成细丝了。锦纶、丙纶、涤纶纤维用干法生产，而腈纶、维纶、氯纶用湿法生产。下面具体介绍几种合成纤维。

1. 涤纶

涤纶的化学名称是聚对苯二甲酸乙二醇酯(简称 PET)，由有机二元酸和二元醇经缩聚反应得到的聚酯再经纺丝制得，是三大合成纤维之一。在我国，涤纶俗称“的确良”。涤纶的特点是质量稳定、强度高、绝缘、耐腐蚀及耐磨性较好，由它制造的面料挺括、不易变形、结实耐用。涤纶的耐热性也较强，具有较好的化学稳定性，作为民用织物及工业用织物均有广泛的用途。

化学知识小链接——涤纶仿真丝绸碱减量处理

碱减量处理是指使用氢氧化钠溶液处理涤纶织物，从而使其质量减轻的仿真丝绸处理方法。处理过程中，涤纶表面的纤维分子酯键水解，造成涤纶表面溶蚀，导致织物中的纤维及纱线空隙增大，织物质量减轻。碱减量处理后的涤纶织物具有良好的透气性、柔软性、悬垂性，以及酷似真丝绸的外观。

涤纶碱减量处理的机制：在一定温度下，在高浓度的氢氧化钠溶液中，涤纶表面部分发生水解，纤维大分子水解成可溶于水的对苯二甲酸钠和乙二醇。

2. 锦纶

锦纶是纺织领域仅次于涤纶的第二大合成纤维。锦纶是以聚酰胺为基础制得的合成纤维，也称为尼龙，有锦纶-66、锦纶-1010、锦纶-6 等不同品种。锦纶强度高、耐磨性好，有良好的吸湿性，可以用酸性染料和其他染料直接染色。干爽状态下锦纶布料的耐磨性是棉纤维的十几倍。锦纶除了用于制作服装、蚊帐等，还用于制造汽车耐磨零件、汽车安全气囊、传送带及降落伞等。

3. 腈纶

腈纶即聚丙烯腈纤维，也是三大合成纤维之一。腈纶由聚丙烯腈或丙烯腈(质量含量大于 85%)与少量其他单体共聚而成。腈纶纤维有“人造羊毛”或“合成羊毛”之称，具有色泽鲜艳、柔软、膨松、耐光、耐气候性好、抗菌、防蛀、耐酸等优点。腈纶可用于制作毛线、毛毯、毛料、帐篷等。

4. 维纶

维纶即聚乙烯醇缩醛纤维，也叫维尼纶。维纶是目前合成纤维中吸湿性最好的，素有“人工棉花”之称。维纶的相对密度小于棉花，具有较好的柔软性、保暖性、耐磨性和较高的强度等。维纶主要用于制作外衣、运动衫等，还可用于制作自行车轮胎帘子线、帆布、外科手术缝线及过滤材料等。

5. 丙纶

丙纶即聚丙烯纤维，以丙烯作为原料经聚合、熔体纺丝制得。丙纶的特点是密度小、强度高、耐磨性好、导湿透气性和保暖性好、抗霉变、耐化学腐蚀等。丙纶染色困难，其原因是大分子结构中不含能与染料结合的化学基团。目前，我们采用接枝共聚的方法，在聚丙烯大分子上引入能与染料结合的极性基团，以改善其染色性能。丙纶广泛用于安全带、箱包带、缝纫线、电缆包皮、过滤布及造纸用毡等领域。

6. 氯纶

氯纶是聚氯乙烯纤维在我国的商品名称，是含氯纤维的主要品种之一。氯纶的制造原料极易获得，成本较低，可采用湿法和干法两种纺丝方法获得。氯纶弹性好，抗燃性好，耐磨性和保暖性好。但是，氯纶对热十分敏感，在沸水中纤维会大幅度收缩，强度下降，吸湿性差，染色困难，易产生静电。氯纶主要用于制作床垫布、过滤布及其他室内装饰用品等。

 **生产知识小链接——绿色纤维**

多年前中国化学纤维工业协会就启动了“绿色纤维”认证工作，该项认证工作就是要从源头推动纺织全产业链的绿色化进程，倡导源头绿色、内核绿色、产品绿色的绿色纤维制品，让广大消费者真正享有“绿色生活从绿色纤维开始”的舒适体验。据悉，截至目前，绿色纤维认证企业已达37家，认证产品覆盖再生涤纶、莱赛尔纤维、壳聚糖纤维、PTT纤维、原液着色锦纶、涤纶、丙纶、芳纶、聚酰亚胺纤维等。

中国化学纤维工业协会开展的绿色纤维及制品认证工作，旨在促进环境保护和公共健康，倡导产品的绿色设计、绿色材料和绿色制造，也开启了从纤维源头到纺织全产业链的绿色化发展之旅。

（四）智能纤维

近年来，纤维材料领域出现了一些新型纤维能够感知外界环境，如力、热、光、电、磁、湿度等的变化，并通过内部状态的变化做出有别于传统纤维的主动适应行为，被定义为智能纤维。智能纤维分为热量管理纤维、智能凝胶纤维、电子信息纤维、环境变色纤维、自清洁纤维、形状记忆纤维等。其中，智能凝胶纤维具有自适应性和生物相容性，主要用于智能纺织品的设计与开发，如防水透湿膨胀织物、智能抗菌纺织品和智能蓄冷纺织品等；用于开发众多品类和功能的服饰，如阻热隔热服及抗浸保温服等。形状记忆纤维多用于领口、袖口及下摆等有保形要求的部位或针织物等保形性差的材料中，以改善织物性能。

第二节　染料的演变

一、古代染料及染色技术

旧石器时代晚期是我国服装史的发祥期，人们不仅能用骨针来缝制兽皮衣服，还能用饰物来装扮自己。其中有些饰物如骨管、骨珠、贝壳等用赤铁矿粉染成了红色。赤铁矿是我国历史上较早使用的矿物染料。我国古代的染料绝大多数为天然材料，大致分为三类：植物染料、动物染料及矿物染料。

(一)植物染料

新石器时代，人们开始使用植物染料。一开始，人们将红色、紫色、黄色的野花及其绿色的叶子揉搓成浆状物来描绘图案，后来逐渐学会使用温水浸渍的方法来提取植物染料。之后，选取的对象也扩展到了植物的枝条、外皮和根茎。经过数千年的探索实践，人们发现可以用蓝草染蓝色、用茜草染红色、用紫草染紫色等，从此揭开了印染工艺的序幕。

1. 蓝草

蓼蓝、菘蓝和马蓝等可制取靛蓝(靛青)的植物均称作蓝草。将蓝草在水中浸泡(约1天),蓝草叶中所含的靛质就会分解为可溶于水的原靛素。原靛素在水中生物酶的作用下，分解为在植物组织细胞中以糖甙形式存在的吲哚酚。吲哚酚被空气氧化，生成不溶于水的靛蓝素($C_{16}H_{10}N_2O_2$)。原靛素和靛蓝素的分子结构如图1-1、图1-2所示。

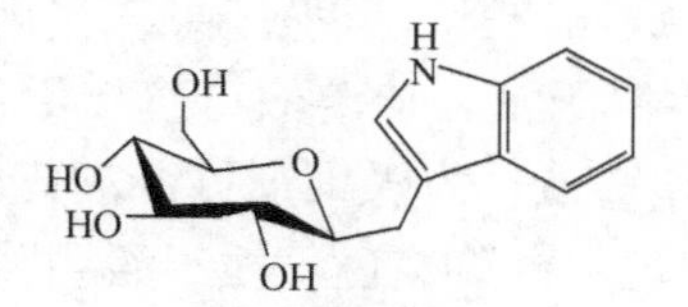

图1-1　原靛素的分子结构

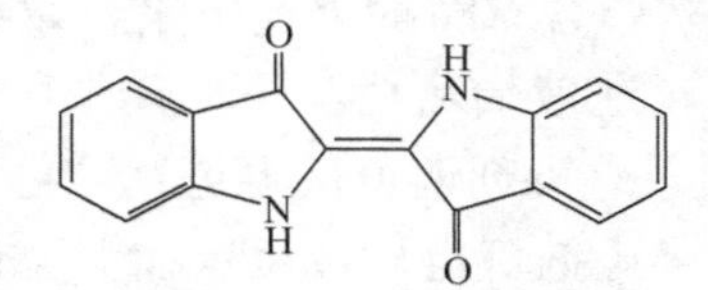

图1-2　靛蓝素的分子结构

2. 茜草

茜草属于茜草科，是一种非常流行的天然红色染料。茜草染料的化学成分复杂，主要成分是茜素、羟基茜素和伪羟基茜素等蒽醌类化合物。在碱性条件下，我们将茜草染料溶解后，加入乙酸调节染液的pH值，并在不同的pH值下使用不同媒染剂对纤维素纤维和蛋白质纤维等天然纤维进行染色，从而得到色彩丰富鲜亮、色牢度优良的染色织物。茜素、羟基茜素和伪羟基茜素的分子结构如图1-3、图1-4、图1-5所示。

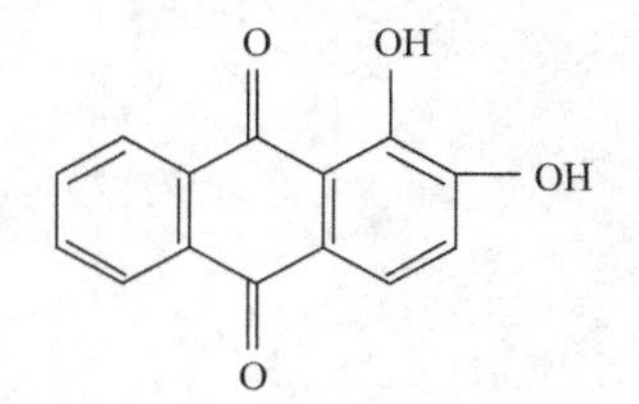

图1-3　茜素的分子结构

O　OH
OH
O　OH

图1-4　羟基茜素的分子结构

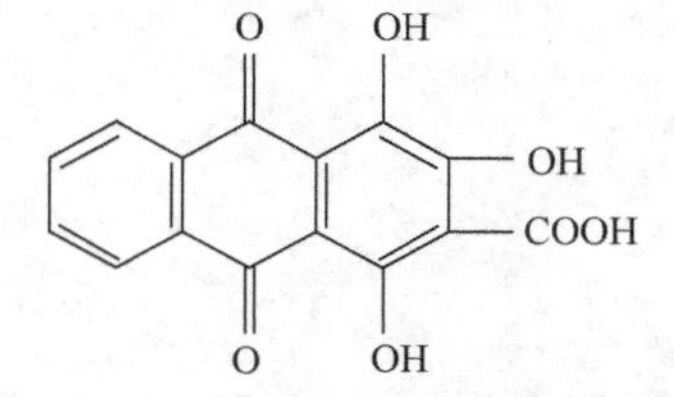

图1-5　伪羟基茜素的分子结构

3. 红花

红花染料的染色成分主要为红花黄色素与红花红色素，红花红色素的分子结构如图1-6所示。红花红色素为暗红色或红褐色结晶或结晶性粉末。红花红色素的提取过程：用水浸泡红花去除红花黄色素后用碱提取红花红色素。在碱性条件下，色素未显出红色，且难以被纤维吸附，需用酸中和碱性红花红色素提取液，使溶液呈红色。此时可用其进行染色。

图 1-6 红花红色素的分子结构

4. 栀子

栀子果实中含有黄酮类栀子素、藏红花酸和藏红花素。取栀子果实先用冷水浸泡，再将所得的浸泡液加热至沸腾，其中所含的色素溶于水。该溶液可直接用于染色(嫩黄色)，也可加入媒染剂调色后再进行染色。例如，加铬盐作为媒染剂可得灰黄色或橄榄色，加铝盐作为媒染剂可得艳黄色，加铜盐作为媒染剂可得黄绿色。栀子素和藏红花酸的分子结构如图 1-7、图 1-8 所示。

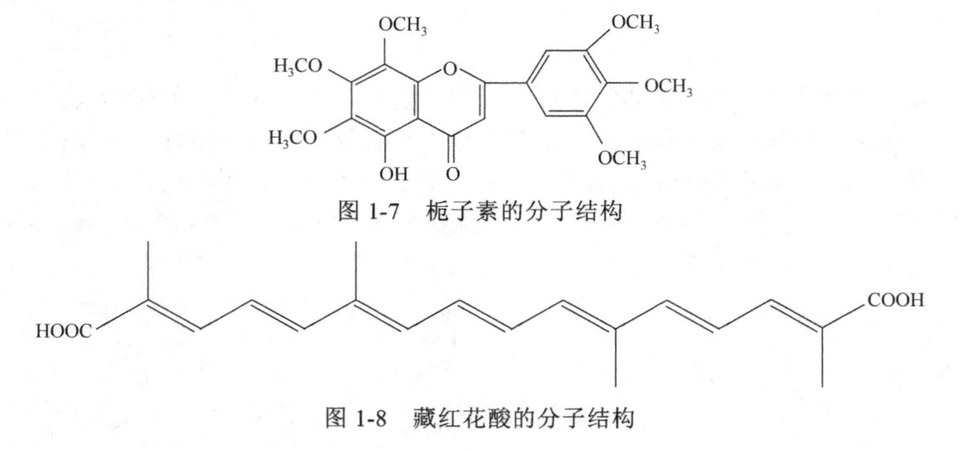

图 1-8 藏红花酸的分子结构

历史知识小链接——栀子

《本草蒙筌》中载：“家园栽者，肥大且长，此号伏尸栀子，只供染色之需。”

《齐民要术》中载：“孟康曰：茜草、栀子，可用染也。”

《本草纲目》中载：“卮，酒器也，卮子象之，故名。俗作栀。蜀中有红卮子，花烂红色，其实染物则赭红色。”

5. 紫草

紫草是一种多年生草本植物，其色素主要在根部，可作为紫色染料。色素的主要化学成分为紫草醌和乙酰紫草醌，水溶性较差，染色时如果不使用媒染剂，丝、毛、麻、棉等纤维都不能着色；通过媒染剂助染，可得到紫色或紫红色。常用的媒染剂有椿木灰、明矾等。紫草醌和乙酰紫草醌的分子结构如图 1-9、图 1-10 所示。

图 1-9　紫草醌的分子结构

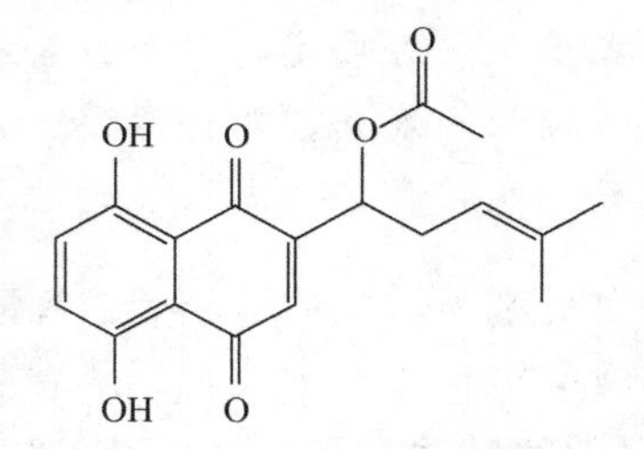

图 1-10　乙酰紫草醌的分子结构

趣味小实验——葡萄皮染布

实验用品

织物：白色纯棉织物。原料：葡萄皮。药品：柠檬酸、硫酸铝钾、无水乙醇、蒸馏水。

实验步骤

(1) 色素提取流程：将葡萄皮与果肉分离，晾干，碾成粉末，再浸提，过滤。

(2) 将白色纯棉织物投入 80℃含有葡萄皮色素提取液的染液中，60 min 后取出；降温后再投入 80℃含有媒染剂 (6 g/L 硫酸铝钾) 的溶液中，染 40 min，浴比为 1∶60，pH = 3，最后取出织物降温，水洗，晾干。

植物染料色泽丰富，主要有红色、黄色、蓝色、紫色和黑色等，经过媒染、拼色和套染等技术，可染出色彩丰富的服饰。植物染料健康环保，能散发出淡雅清香的气味，其魅力独特而长远。

(二) 动物染料

古代可用的动物染料有胭脂虫红色素、紫胶、贝紫等。

胭脂虫红色素取自胭脂虫体，广泛应用于纺织品着色，具有极高的安全性。但胭脂虫红色素对丝绸的直接染色效果不佳，需借助金属离子的络合作用才能使色素较多且相对牢固地吸附于真丝上，然而添加大量金属离子有悖于环保理念，为此有研究者采用聚乙烯亚胺改性真丝织物，使胭脂虫红色素无须借助媒染剂就可以直接给真丝织物上色，以满足日常服装的染色需要。

紫胶是紫胶虫的分泌物，其中含有橘红色的树脂、鲜红染料及少量蜡质。据晋人张勃所著的《吴录》记载：“九真移风县有土赤色如胶，人视土知其有蚁，因垦发，以木枝插其上，则蚁缘而上，生漆凝结，如螳螂螵蛸子之状。人折漆以染絮物，其色正赤，谓之蚁漆赤絮。”可见，古人曾将紫胶作为染料给“絮物”（可能是丝绸一类的织物）染色。紫胶作为染料，在国防工业、轻工业、重工业及飞机制造业等领域都有广泛的应用。

生活知识小链接——紫胶虫与紫胶

紫胶虫幼虫密集附着在枝下，枝下布满后还可延展到枝的上面，每1cm长的枝条上可有上百只之多。一经固定，幼虫立即将其口器刺入嫩枝取食汁液，并开始分泌紫胶。起初，这层薄胶闪闪发光，如同露水一般，逐渐地有一部分硬化，笼罩着虫体，从而形成了一层硬壳。在胶壳下，紫胶虫幼虫继续发育，继续产胶。

贝紫是海贝鳃下腺中的分泌物。有证据表明，早在公元前13世纪人们就知道用贝紫染色，但那时的染色工艺非常简单，就是直接用海贝鳃下腺中的分泌物进行涂染。经过大约10个世纪的发展，人们学会了获取贝紫的方法，以及通过添加人尿来调节染料颜色的深浅。到了古罗马时代，人们将brandaris贝和深海的trunculus贝放在一起染色，获得了非常牢固且深浅不同的各种紫色。

化学知识小链接——天然染料的主要染色方法

天然染料的主要染色方法有直接法、媒染法和还原法。

(1) 直接法。一些天然植物染料色素中含有较多的亲水性基团，与很多纤维织物有一定的亲和力，因此能够直接给纤维织物染色。

(2) 媒染法。媒染法包括三种方法：预媒法、同媒法和后媒法。预媒法是先使织物在染色前与媒染剂结合，再染色；同媒法是把媒染剂与织物放入染液，同时进行煮染；后媒法是先使织物与染料结合，再加入媒染剂处理。采用媒染法对织物进行染色，通过在纤维、媒染剂和天然色素之间形成稳定的配合键，能够改善色牢度。

(3) 还原法。靛蓝等天然染料水溶性极差，染色时须在强碱性和还原剂条件下将其还原为可溶性隐色体钠盐后才能染纤维织物，染色后氧化为不溶性染料，从而固着在纤维织物上。

(三) 矿物染料

矿物染料是天然染料的一种，包括各种金属氧化物、无机金属盐、有机金属络合物等，其颜色丰富鲜艳，在合成染料出现之前被广泛用于染色。赤铁矿、朱砂、石黄、石绿等矿物都可制成矿物染料。

1. 赤铁矿

赤铁矿的主要化学成分是三氧化二铁（Fe_2O_3），属六方晶系的氧化物矿物。赤铁矿单晶体呈菱面体或板状；集合体形态多样，其中呈红褐色、光泽暗淡的称为赭石，中国古代称为代赭。赭石是矿物质颜料，也是石染染料。《白虎通》载：“唐虞象刑，画象者，其衣服象五刑也……犯劓者赭著其衣。”赭石呈暗棕红色，颗粒较大，染色时服饰染料容易淤积。即便是清洗干净的服饰，也会给人一种脏的感觉，因而先秦两汉时期赭石染服多为囚服。

2. 朱砂

朱砂也被称为辰砂或丹砂。朱砂矿的主要成分是硫化汞(HgS)，还含有少量或微量的硒、碲、铜、锌、铅、银等，多为不规则颗粒状、致密块状、粉末状或皮壳状集合体，颜色呈鲜红色。朱砂中加入天然胶类或干性油黏合剂，混合研磨后，将罗、麻等织物投入研钵内不断挤压揉搓，可将织物染成红色。

3. 石黄

石黄是主要成分为铬酸铅($PbCrO_4$)的黄色矿物颜料。成分为三硫化二砷的雄黄在古代也叫石黄。石黄与雄黄是不同的矿物，在古代石染所用的石黄应该是铬酸铅。制取方法为：将天然的石黄用水浸泡，经多次蒸发换水后，调胶使用或研磨使用。

4. 石绿

石绿又名空青，因矿物呈现翠绿色而被称作孔雀石，成分是含有结晶水的碱式碳酸铜[$CuCO_3 \cdot Cu(OH)_2$]，可以染出蓝绿色的效果。石绿的制取方法：将铜绿粉或糠青与熟石膏粉混合，加入适量的水拌匀，压成扁块，喷洒高粱酒，使表面呈现绿色，切成小块，干燥后即可使用；也可以将醋喷在铜器上，促使其生成绿色的铜锈，刮取下来备用。

历史知识小链接——石染矿物颜料

我国在春秋战国时期，织物上就出现了精美的石染矿物颜料绘画作品。在战国楚墓中出土的帛画《人物龙凤图》和《人物御龙图》，是迄今出土最早的帛画作品。《周礼•考工记》载：“画缋之事，杂五色……后素功”。“画缋”是指在成衣上描绘图案，锦绣服饰可能是先用植物染料染底色，再用石染矿物颜料描绘图案或用针线刺绣图案。《尚书•益稷》所记载的十二章服：“日、月、星辰、山、龙、华虫作绘，宗彝、藻、火、粉米、黼、黻绣，以五彩彰施于五色作服。”可见，石染矿物颜料在画缋的功能上有了用武之地。

二、现代染料及染色技术

自1856年珀金(Perkin)发现合成染料以来，人们不断探索色泽鲜艳、着色力更强的新染料，并成功开发了各种用途的染料。目前市场上供应的染料品种多样，近年来研究开发的染料有活性染料、分散染料、硫化染料等。

(一)活性染料

活性染料又称反应性染料，是20世纪50年代开始发展起来的一类水溶性染料。其分子结构中的活性基团(如一氯均三嗪基、乙烯砜基、三氟嘧啶基等)能够与蛋白质纤维中的氨基及纤维素中的羟基反应形成共价键，从而给羊毛、丝绸等蛋白质纤维，以及各种纤维素纤维和棉的混纺织物染色。该类染料不仅颜色丰富、色泽鲜艳，而且染色牢固、耐酸性水解和过氧化物洗涤。此外，用活性染料染色过程中不需要使用金属媒染剂，对环境更加友好。为了提高活性染料的色牢度和染色固着率，人们尝试在染料母体上引入多个不同的活性基团，获得了性能更加优良的活性染料。同时，开发新活性基团也是获取新型活性染料的重要方向。

（二）分散染料

20 世纪 70 年代兴起的一类专门用于给涤纶着色的染料，即分散染料。分散染料是非离子型染料，分子量小且难溶于水，染色时借助分散剂悬浮在染液中，然后以分子状态扩散进入涤纶纤维大分子链间隙，并以范德华力、氢键和偶极力等与涤纶的疏水性纤维结合。从分散染料主体的化学结构来看，主要有蒽醌型、偶氮型和杂环型。

蒽醌型分散染料色泽艳丽且具有良好的匀染性，上染织物耐日晒和耐升华色牢度较高，但合成工艺复杂且成本高。偶氮型分散染料色谱最全，含有红、黄、蓝等颜色，合成生产工艺简单且成本很低，是产量最高的一类分散染料，约占总产量的 50%。杂环型分散染料色彩鲜艳，属于新型染料，生产工艺比较复杂且成本较高，在实际生产中很少使用。

化学知识小链接——微胶囊化分散染料

微胶囊化分散染料就是采用高分子壁材制作微胶囊，将分散染料放入微胶囊，并利用微胶囊的隔离与缓释作用和分散染料本身的微溶性，实现无污染染色。分散染料不溶于水，染色时分散染料以细小颗粒状态均匀分散在染液中，从而保持分散染料单分子、晶粒和胶束中染料的动态平衡。在高温高压条件下，水先进入微胶囊并形成含有染料的饱和溶液。染料溶液再通过微胶囊的囊壁扩散出去，先吸附于涤纶表面，再向涤纶内部扩散。染料的扩散性与速率影响染色效果，如果染料扩散性好，扩散速度快，不仅能缩短染色时间，还可使被染试样达到匀染的效果。

（三）硫化染料

硫化染料是 19 世纪后期发明的一类含有硫键（–S–）、二硫键（–S–S–）或多硫键（$–S_x–$）的化合物，一般是由芳胺类或酚类化合物与硫磺或多硫化钠混合加热制成的，由于它不溶于水，因此染色时在硫化钠溶液中被还原成可溶性的隐色体钠盐，染入纤维后，经过氧化固着在纤维上。在强碱性条件下不能用于羊毛、蚕丝等蛋白质纤维的染色。硫化染料合成方法简单且成本较低，无致癌性，因而深受印染厂家的青睐。其中最重要的品种是硫化黑染料，产量占硫化染料总产量的 75%～80%，也是各色硫化染料中耐日晒色牢度最高的品种。

随着各种新技术的开发，目前市场上出现了具有特殊功能的有机染料，如液晶显示染料，激光燃料，光、热、压敏染料，有机光导材料染料及指示染料等。

思考与讨论

1．检验纯棉布料的方法除了燃烧观察灰烬，还有什么简便的方法？

2．染料和颜料的区别是什么？

3．动手做一做：将葡萄皮加入水，边加热边研磨，再加入醋精(乙酸甘油酯)，过滤得到滤液，将手帕(或白色棉布裙)浸入，约 1 小时后取出，用盐水漂洗，晾干，即可得到自染手帕(或自染棉布裙)。

第二章　化学与食品

俗话说“民以食为天”，一直以来饮食都是人类生活中最基本、最重要的部分。形形色色的食物为人类提供了糖类、油脂、蛋白质及维生素等维持生存和健康所必需的重要化合物。随着化学合成技术的进步，各种各样的食品添加剂应运而生，使得食物的色、香、味朝着更加丰富多彩的方向发展。然而，当前人们对饮食关注更多的却是如何吃得健康和营养均衡。本章从平衡膳食宝塔出发，对科学饮食、健康饮食进行简单介绍，同时带领大家从化学角度认识饮食世界中的糖类、油脂、蛋白质、维生素及食品添加剂。

历史知识小链接——食物的革命

在人类食物发展史上发生过多次革命。三四百万年前的南方古猿阶段发生了第一次食物革命。在这一阶段，人类始祖学会了吃杂食。杂食为古猿提供了优质蛋白，促进了大脑的发育，从而使其在生存斗争中取得优势。在50万年前的北京猿人阶段发生了第二次食物革命。人类学会了吃熟食，熟食扩展了食物来源，增加了食物的营养。近万年前的农业时代发生了第三次食物革命。由于经常食用乳类和麦类，而有些人体内缺乏分解乳类的酶，因此喝牛奶后会出现腹泻、腹胀等；还有些人吃小麦后会出现过敏症状。工业革命时代发生了第四次食品革命。食品更加丰富，出现了各种食品添加剂。

第一节　平衡膳食宝塔

早在旧石器时代，人们所食用的食物种类就已经比较丰富了，当时人们食用肉类较少，食用块茎类和坚果类食物较多，这样的饮食结构既可以为人体提供大量的碳水化合物和纤维素，也可以为人体补充各种维生素。

中国古代士人非常注意合理饮食。汉唐时期，人们便主张食用谷果、菜与畜类等混合食物，以保证营养均衡。《内经》提到理想的饮食结构为：“五谷为养，五果为助，五畜为益，五菜为充。”孙思邈在《千金要方·食治》的序论中将食物分为果实、蔬菜、谷米、鸟兽四大类，详细介绍了150多种食物的性味、营养、功效等。现代科学证明，《内经》和孙思邈所提出的饮食结构有一定道理。五谷和五畜为人体提供蛋白质和氨基酸，五果提供维生素、微量元素和食物纤维，五菜使人体内各种营养素更加完善和充实。谷、肉、果、菜的合理搭配，对中国传统饮食结构的形成影响很大。

中国营养学会常务理事会在1989年10月通过了我国第一个膳食指南，主要内容有以下八点：饥饱要适当；食物要多样；粗细要搭配；油脂要适量；食盐要限量；甜食要少吃；饮酒要节制；三餐要合理。1997 年 4 月又修订了新的膳食指南，并提出了平衡膳食宝塔。中国居民平衡膳食宝塔(2022)包含我们日常饮食的主要食物类型，共有 5 层，每一层的位置和面积不同，从下往上面积依次递减，它能够反映出各类食物在日常饮食中的地位和应占的比重。平衡膳食宝塔建议的各类食物的摄入量通常指食物的生重。例如，每日饮水 1 500～1 700 mL，食用谷类 50～150 g，薯类 50～100 g，蔬菜类 300～500 g，水果类 200～350 g，动物性食物 120～200 g，奶及奶制品 300～500 g，大豆及坚果类 25～35 g，盐小于 5 g，油 25～30 g。这份建议帮助人们合理安排个人的饮食结构，做到从食物中摄取的营养均衡。平衡膳食宝塔建议糖的摄入量为每日不超过 50 g，最好控制在 25 g 以内。儿童吃糖多，会增加患龋齿的风险。

一、谷物

常见的谷物种类很多，包括稻米、小麦、玉米及其他杂粮。我国居民的日常饮食以谷类食物为主，每日摄入量为 250～500 g，能够为居民提供 50%～65%的能量、40%～60%的蛋白质和 50%以上的维生素 B_1，因此在膳食结构中具有重要地位。

我国南方大部分地区以米饭为主食，大米可以制成米线、肠粉、寿司、粽子、米糕、年糕等食品。大米中的营养成分主要有淀粉、蛋白质、脂肪、脂肪酸、膳食纤维、维生素、矿物元素等，其中大米干物质的 90%左右为淀粉。除淀粉外，大米中其他营养成分的含量较少，但影响着大米的营养价值和食用口感。

根据稻谷国家标准(GB1350—2009)，大米可分为籼米、粳米和糯米。籼米米粒呈长椭圆形或细长形，米粒强度小，蒸出的米饭胀性较大，黏性较小；粳米米粒呈椭圆形或卵圆形，米粒强度大，蒸出的米饭胀性较小，黏性较大；糯米米粒呈乳白色，不透明或半透明，蒸出的米饭黏性大。不同品种的大米之所以口感各异，是因为它们各自的直链淀粉、支链淀粉的含量不同。

生活知识小链接——直链淀粉

淀粉分为直链淀粉和支链淀粉两种。直链淀粉的质量分数是评价大米食味品质的重要指标之一。由于直链淀粉的黏性小，支链淀粉的黏性大，因此直链淀粉和支链淀粉的比例不同会直接影响大米蒸煮的食味品质。当大米中直链淀粉的质量分数小于 12%时，蒸煮后的米饭就会很黏；质量分数在 12%～19%时，蒸煮后的米饭柔软，黏性较大，食味品质较好；质量分数在 20%～24%时，蒸煮后的米饭蓬松，较硬；质量分数大于 25%时，蒸煮后的米饭蓬松，米质硬。因此，从食味品质角度看，直链淀粉质量分数的大小与大米的食味品质呈负相关关系。

我国是世界上最大的小麦生产国，小麦产量占全球总产量的 17%。小麦中的淀粉含量较高，蛋白质含量为 11.5%～14.0%。小麦中的 B 族维生素和维生素 E 含量较多，维生素 A、维生素 D、维生素 C、维生素 K 等含量较少。小麦中的磷含量较高，钙含量较少，磷钙比例不平衡。

我国所产小麦几乎全部用于加工面粉。根据蛋白质含量不同，面粉通常可分为特高筋面粉、高筋面粉、中筋面粉及低筋面粉。不同种类的面粉可以制成不同种类的面食。例如，特高筋面粉蛋白质含量大于 13.5%，具有筋度强、黏性大等特点，适合做油条、通心面及面筋等。高筋面粉蛋白质含量在 10.5%～13.5%，活性较大，手抓不易成团状，比较适合做面包、起酥点心等。低筋面粉蛋白质含量在 6.5%～8.5%，手抓易成团，筋性较弱，比较适合做蛋糕、松糕、饼干等。中筋面粉最为常见，市面上通常销售的特一粉或精制粉皆属此种类型。其蛋白质含量在 8.5%～10.5%，用途最为广泛，包子、饺子、馒头、面条、麻花等中式点心通常都是用这种面粉制成的。

玉米是我国第一大粮食作物，是人类和畜禽的重要粮食来源。玉米中含量最高的组分为淀粉，占玉米干物质的 70%左右，其次为粗蛋白，再次是非淀粉多糖。目前市面上的玉米休闲食品很多，如曲奇、沙琪玛、酥饼、月饼、爆米花、面包等。在玉米粉中添加羧甲基纤维素(CMC)制成的玉米面包具有与普通全麦面包相似的组织结构，色泽金黄、口感松软。玉米沙琪玛柔软不油腻，具有玉米风味和特殊营养价值，能够满足大众口味需求。

二、水果与蔬菜

水果与蔬菜是我们日常生活中不可缺少的食物，具有较高的营养价值。新鲜的水果中含有丰富的纤维、水和维生素。蔬菜中的能量和脂肪含量较低，但是体积较大，易产生饱腹感。

新鲜水果、蔬菜是人体维生素 C、胡萝卜素、维生素 B_2 和叶酸的重要来源，具有重要的生理意义。果蔬中含有丰富的无机盐，如钙、磷、铁、钾、钠、镁、铜等，是膳食中无机盐的主要来源，对维持体内酸碱平衡起重要作用。同时，果蔬中所含的纤维素、半纤维素、木质素和果胶是膳食纤维的主要来源。膳食纤维在体内不参与代谢，但可促进肠蠕动，利于通便，减少或阻止胆固醇等物质的吸收，有益于健康。常吃水果和蔬菜可以预防某些疾病、延缓衰老等。虽然水果、蔬菜中的营养成分对人体有益，但我们也不能盲目食用，要根据个人的不同体质合理选择适合自己的果蔬。

三、肉、蛋、乳、豆类

(一) 肉类

中国肉类加工技术与文化具有悠久的历史。《周礼》中记载:“腊人掌干肉”“肉脯”“膳用六畜”等。《食经》翔实地记叙了以动物原料为主的各种制品。唐中宗神龙年间韦巨源所著的《食谱》，表明了当时人们对肉类加工的工艺技术水平已经达到了相当的高度。

肉类包括畜肉和禽肉，主要组成成分是水、蛋白质和脂肪。肉类含有丰富的蛋白质，包含人体所必需的氨基酸，在大多数情况下也是一些矿物质和维生素的主要来源，如锌、铁、硒、磷、氯等矿物质及维生素 B_2、维生素 B_3、维生素 B_6、维生素 B_{12} 等。肉类中碳水化合物和食用纤维的含量很低。不同种类的肉中的蛋白质、维生素和矿物质的含量接近，脂肪含量有所差异。

肉类分为红肉与白肉。红肉中肌红蛋白含量高，如牛肉、羊肉和猪肉。白肉中肌红蛋白含量低，如鱼肉、鸡肉、鸭肉和鹅肉。即使是红肉，也只有新鲜的红肉呈现红色，煮熟后的红肉不再鲜红。其原因是肌红蛋白中亚铁血红素的二价铁离子(Fe^{2+})加热后被氧化为三价铁离子(Fe^{3+})，导致鲜红色消失。而烤肉过程中，Fe^{2+} 与 CO 配位而不易被氧化为 Fe^{3+}，使得肉可在一年内都保持鲜红的颜色。

 **生活知识小链接——肉食用量的建议**

按照中国居民膳食指南，不同年龄的人每日食肉量建议如下：1～3 岁为 50 g，4～6 岁为 90 g，7～10 岁为 100～120 g，11～13 岁为 140～160 g，14～17 岁为 150～170 g；不同类型的成年人每日食肉量亦不同，脑力劳动者为 140～160 g，重体力劳动者为 190～210 g，老年人为 100 g 左右。肉中的碱在体内代谢会生成尿酸。如果大量食肉，导致尿酸大量积聚会引起痛风、骨发育不良或其他疾病。

(二)蛋类

蛋类品种丰富，我们常见的蛋类有鸡蛋、鸭蛋、鹅蛋、鹌鹑蛋、鸽子蛋及其蛋制品等。其中，鸡蛋是食用最普遍、产量最大的一种蛋类。蛋类食物能够提供优质蛋白，在我们日常饮食中占有重要地位。禽蛋的结构相似，主要组成部分有蛋壳、蛋清、蛋黄。以鸡蛋为例，每个鸡蛋重 50 g 左右，蛋壳质量占全蛋的 11%，蛋壳的主要组成成分是碳酸钙；蛋清质量占全蛋的 57%，由外层的稀蛋清和内层的稠蛋清组成；蛋黄质量占全蛋的 32%。蛋黄中脂肪含量达 28%～33%，蛋白质含量高于蛋清，平均约为 15%；碳水化合物含量较少，主要是葡萄糖，大多以与蛋白质结合的形式存在；矿物质含量为 1.0%～1.5%，其中磷最为丰富，铁含量也较为丰富；还含有较多的维生素，以维生素 A、维生素 E、维生素 B_2、维生素 B_6、泛酸为主。蛋清中的营养成分主要是蛋白质，其含量约为 12%，碳水化合物含量略低于蛋黄，矿物质含量较低。

(三)乳类

乳类主要是一种复杂的乳胶体，由水、脂肪、蛋白质、乳糖、矿物质、维生素等组成。牛乳是最主要的原料乳，其中水的含量为 85%～88%，并含有丰富的蛋白质、脂类、糖类、维生素和矿物质。牛乳中蛋白质含量较恒定，为 3.0%～3.5%，牛乳蛋白为优质蛋白，易被人体消化吸收。天然牛乳的脂肪含量为 2.8%～4.0%，乳糖含量为 4.6%。牛乳中的矿物质主要有钠、钙、钾、镁、磷、氯、硫、铜和铁等。牛乳中维生素种类齐全，包括脂溶性维生素 A、维生素 D、维生素 E、维生素 K、B 族维生素和极少量的维生素 C。

（四）豆类

我国不仅豆类资源丰富，而且是世界上豆类的主要生产国之一，主要有大豆、豌豆、蚕豆、绿豆、小扁豆、鹰嘴豆等。豆类具有多种用途，可用作粮食、蔬菜、饲料和肥料等。豆类是高蛋白、低脂肪、中等淀粉含量的作物，富含矿物质和维生素，具有较高的营养价值。大豆中的蛋白质含量为35%～40%，0.5 kg黄豆的蛋白质含量相当于1 kg左右的瘦猪肉或1.5 kg鸡蛋或6 kg牛奶。豆类中的糖类主要是淀粉，占糖类总量的75%～80%。大豆中脂肪含量达15%～20%。除大豆外，食用豆类中脂肪含量较低，一般为0.5%～2.5%。豆类中富含维生素 B_1、维生素 B_2 和烟酸，也是矿物质，如钙、磷、铁、锌等的重要来源。

豆类具有非常高的营养价值，中国居民平衡膳食宝塔推荐居民每天食用一定量的豆类食品。现代营养学证明，坚持食用豆类可减少人体的脂肪含量，提高人体的免疫力，从而有效降低人体患病的概率。

四、油脂

脂类物质俗称油脂或脂肪。食物中95%的脂类物质是脂肪，5%是类脂。在各类食品中，烹调用油、肥肉、动物内脏、坚果等含有丰富的油脂。核桃、榛子、杏仁、松子、腰果、花生等油脂类坚果中油脂含量可达44%～70%，所以绝大多数坚果能量很高，每100 g可达2 090～2 926 kJ。

油脂在食品中的作用：①热量高，每克油脂产生热量为39 kJ，远大于蛋白质与淀粉所产生的热量；②携带了人体必需的脂肪酸和脂溶性维生素；③溶解风味物质，从而赋予食品良好的风味和口感；④不易消化吸收，食用后可增加饱腹感。

第二节　碳水化合物

人们日常摄入碳水化合物的主要来源是谷物，如大米、小麦、玉米、小米等。谷物中含有淀粉、双糖（蔗糖、麦芽糖等）、单糖（葡萄糖、果糖等）等碳水化合物。碳水化合物[$C_n(H_2O)_m$]由碳、氢、氧三种元素组成，也称糖类化合物。但实际上这一通式并不适用于所有糖类，如鼠李糖、脱氧核糖等，并且有些糖中还含有氮、硫、磷等元素。糖类化合物一般可以划分为单糖、低聚糖和多糖。

甘甜能给人们留下诸多美好的记忆。唐朝前期，唐太宗和唐高宗分别派人到天竺（今印度）学习制糖技术。其中，制造红砂糖技术的核心是“竹甑漉水”，即糖浆利用自身的质量漉出不能结晶的“糖蜜”。15天后，剩余的糖浆就会结晶为砂糖。白砂糖的制造始于明代，采用的是从“西洋”引进的“黄泥水淋”瓦溜脱色技术。用黄泥密封瓦溜的上口，使糖浆上层所受压力均匀。糖浆的色素被黄泥浆溶解，并随着滤下的糖蜜滴到瓮中。十多天后，刮去瓦溜上层的干土，剩下的就是洁白的砂糖。

一、单糖

单糖是指不能再水解为更小单位的糖类。根据分子中碳原子的数目不同，单糖可分为丙糖、丁糖、戊糖、己糖等；根据单糖所含羰基的特点，可以分为醛糖和酮糖。食物中的单糖主要有葡萄糖、果糖和半乳糖。

(一) 葡萄糖

葡萄糖是人体最容易吸收和利用的单糖，也是食物中所包含的各种糖类的最基本单位。在天然食品中，葡萄糖通常与其他单糖结合，生成二糖、低聚糖和多糖，如蔗糖、乳糖、麦芽糖、淀粉等。人体利用的葡萄糖多来自淀粉水解。葡萄糖分为D-型葡萄糖和L-型葡萄糖，人体只能代谢D-型葡萄糖，不能代谢L-型葡萄糖。所以有人用L-型葡萄糖作为甜味剂，既增加了食品的甜味又不增加能量摄入。

(二) 果糖

果糖是最甜的天然糖，易溶于水，常温下难溶于乙醇，吸湿性强。果糖易被人体消化，不需要胰岛素的作用，就能直接被人体代谢利用，因而适用于幼儿或糖尿病患者食用。果糖具有还原性，是一种还原糖，可发生美拉德反应生成褐色物质。美拉德反应最初是由法国化学家美拉德发现的，是化合物中羰基与氨基的缩合、聚合反应。反应的产物是棕色可溶和不可溶的高聚物，该反应又称为褐变反应。焙烤面包产生的金黄色、烤肉所产生的棕红色等均与其有关。

二、低聚糖

低聚糖即寡糖，是由2～10个单糖残基通过糖苷键连接而成的低度聚合糖类。自然界存在的低聚糖大多由2～6个单糖残基聚合而成。低聚糖存在于天然食物中，尤其是植物性食物，如谷物和果蔬等。食品中常用的二糖有蔗糖、麦芽糖和乳糖，除此之外一些低聚糖还具有显著的生理功能。由于人体的唾液和胃肠道内不含水解低聚糖的酶类，导致功能性低聚糖直接进入大肠内优先被双歧杆菌利用，因此对调整肠道菌群和肠道功能，提高机体健康水平具有重要作用。

三、多糖

多糖是指10个以上的单糖分子通过糖苷键连接而成的大分子长链聚合物。食品中常见的多糖有淀粉、糖原、纤维素、半纤维素、果胶等。淀粉是食品中重要的多糖之一，在根茎和种子中最丰富。根据淀粉的结构可分为直链淀粉和支链淀粉，其中直链淀粉易老化，支链淀粉易糊化。在烹饪中所提到的“勾芡”便是利用了淀粉的糊化原理。

第三节 维 生 素

维生素的发现与营养学的相关研究分不开。19 世纪以前，英国长期航海的许多海军常患坏血病，后来发现服用柠檬汁可减轻病症。20 世纪初，有人提出如果合理饮食可避免软骨病和癞皮病的发生。真正系统研究维生素的人是荷兰医学家埃伊克曼。为了解决荷兰驻东南亚地区的军队中流行的脚气病，他亲自到现场调查，发现军队食堂饲养的鸡也有脚气病，如果把鸡送到离部队较远的地方饲养，鸡的脚气病便随之消失。通过分析得知问题出在鸡的饲料上。埃伊克曼建议用稻谷取代军队中正在食用的大米，从而治疗了军人的脚气病。1912 年，芬克认为人们饮食中缺少一类含有氨基的有机碱化合物，易得脚气病。他把这类物质称为维他命，意为“活命的氨”，中文译为维生素。1913 年，美国人麦克科勒姆和戴维斯提取出脂溶性维生素 A。1915 年，麦克科勒姆又发现并提取出水溶性维生素 B。20 世纪 20 年代，生物化学家们提取出了各种各样的维生素。

人体所需的维生素大部分无法在人体内合成，即使有少量能在人体内合成但因量太少，也无法满足人体的正常需要，所以必须从食物中摄取。维生素在人体内的生理功能包括：作为辅酶或其前体，如 B 族维生素；作为抗氧化剂保护体系组分，如抗坏血酸、维生素 E 等；具有其他特定的生理功能，如维生素 A 能够预防表皮细胞角质化、夜盲症等。由于维生素结构复杂，无法按照化学结构对其进行分类，因此通常按溶解性不同将维生素分为脂溶性维生素和水溶性维生素。

一、脂溶性维生素

脂溶性维生素有维生素 A、维生素 D、维生素 E 和维生素 K。

脂溶性维生素的特点：溶于脂肪或脂溶剂，不溶于水；大量摄入时易引起中毒。

(一)维生素 A

维生素 A 是一类具有活性的不饱和碳氢化合物，主要有维生素 A_1(又称为视黄醇，其分子结构如图 2-1 所示)、维生素 A_2(又称为脱氢视黄醇，其分子结构如图 2-2 所示)。维生素 A 在视网膜上通过一系列反应可以合成一种能够感受弱光的视色素，用以维持弱光中人的视觉。因此，人体缺乏维生素 A 会患夜盲症。

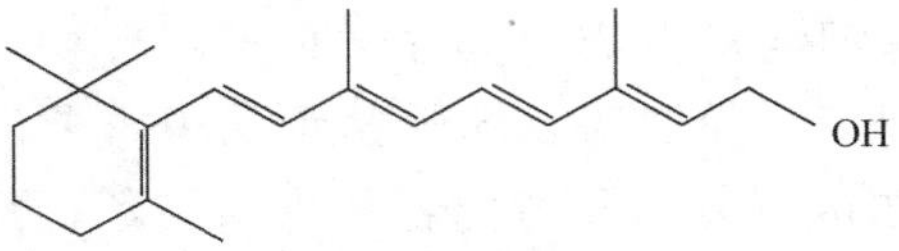

OH

图 2-1 维生素 A_1 的分子结构

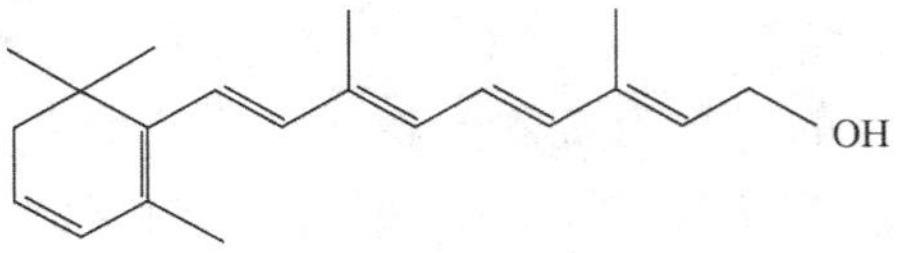

OH

图 2-2 维生素 A_2 的分子结构

维生素 A_1 主要存在于动物的肝脏和血液中，维生素 A_2 主要存在于淡水鱼中。蔬菜中虽然不含维生素A，但是蔬菜中所含的胡萝卜素进入人体后可转化为维生素A_1，其中以β-胡萝卜素的转化效率最高。

(二)维生素D

维生素D是含环戊烷多氢菲环结构的类固醇衍生物，其中以维生素D_2(又称为麦角骨化醇，其分子结构如图2-3所示)和维生素D_3(又称为胆骨化醇，其分子结构如图2-4所示)最重要。维生素D通过其活性形式参与调节人体内钙和磷的平衡。儿童缺乏维生素D会导致骨骼畸形、骨质疏松、多汗等；成人缺乏维生素D会出现骨软化、骨骼疼痛、软弱乏力等症状。人体内的胆固醇脱氢后可以生成7-脱氢胆固醇储存在皮肤中，当皮肤接受日光或紫外线照射时，7-脱氢胆固醇可以转变为维生素D_3。因此，多晒太阳是预防维生素D缺乏的主要方法之一。另外，动物肝脏、奶、蛋黄、鱼肝油中含有较丰富的维生素D_3。植物油和酵母中的麦角甾醇在日光或紫外线照射下可以转变为维生素D_2。

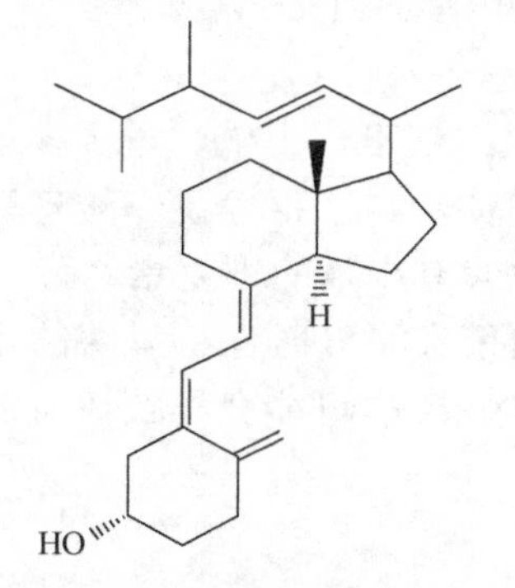

图2-3　维生素D_2的分子结构

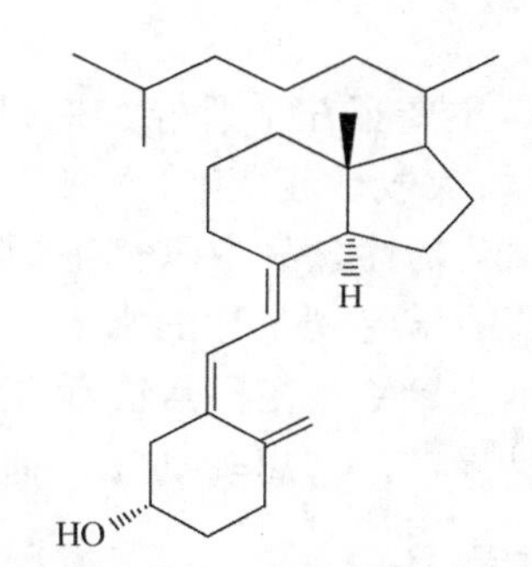

图2-4　维生素D_3的分子结构

(三)维生素E

维生素E又称为生育酚，因其具有抗不育作用而得名，为黄色油状液体，溶于油脂，不溶于水，对酸和热稳定，对碱不稳定。维生素E是一种很强的抗氧化剂，能保护人体内细胞免受自由基伤害，防止维生素A、维生素C等的氧化并保护它们在体内的功能保持不变。维生素E广泛存在于果蔬、坚果、瘦肉、乳类、蛋类、压榨植物油、柑橘皮等动、植物食品中。

二、水溶性维生素

水溶性维生素有维生素B_1(硫胺素)、维生素B_2(核黄素)、维生素B_6、维生素B_{12}、维生素C(抗坏血酸)、泛酸、叶酸、烟酸等。

水溶性维生素的特点：溶于水；多余的由尿排出，营养状况大多可以用血液或尿液进行评价；在人体内少量储存；绝大多数以辅酶或辅基的形式参与酶的活性，在物质的中间代谢中起重要作用。

(一)维生素 C

维生素 C 又称抗坏血酸，是一个羟基羧酸的内酯，具有烯二醇结构，有较强的还原性。维生素 C 是最不稳定的维生素，易被氧化为脱氢维生素 C，维生素 C 和脱氢维生素 C 在人体内能相互转化，在生物氧化作用中构成一种氧化还原体系，其分子结构如图 2-5 所示。

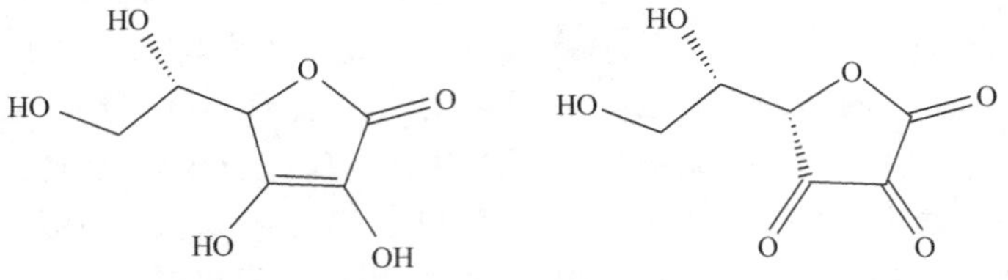

图 2-5 维生素 C(左)和脱氢维生素 C(右)的分子结构

维生素 C 主要存在于新鲜水果和蔬菜中，水果中红枣、山楂、柑橘含量丰富，蔬菜中绿色蔬菜(如辣椒、菠菜等)含量丰富。野生果蔬如沙棘、猕猴桃和酸枣等中的维生素 C 尤为丰富。动物性食品中只有牛奶和动物肝脏中含有少量的维生素 C。

只要能够经常吃到足量的水果、蔬菜，且尽可能在烹饪时保持果蔬的新鲜，人体一般不会缺乏维生素 C。在日常饮食中，长期缺乏维生素 C 可能会导致坏血病，症状严重者可能会精神异常，如患多疑症、抑郁症和癔病等。

(二)维生素 B_1

维生素 B_1 又称硫胺素、抗脚气病因子和抗神经炎因子。维生素 B_1 常以盐酸盐的形式出现，为白色晶体，极易溶于水，微溶于乙醇，十分怕热，不耐碱性。在食品加工过程中，如果加碱会导致维生素 B_1 破坏。维生素 B_1 能够促进儿童的生长发育，促进肠胃蠕动，增加消化液分泌，有利于提高食欲；还能够促进能量代谢，有助于供给神经系统所需的能量。

维生素 B_1 广泛存在于各类食物中。动物内脏(肝、肾、心)和瘦肉中含有维生素 B_1，全谷类、豆类和坚果也是维生素 B_1 的主要来源，我们常吃的水果和蔬菜中也含有丰富的维生素 B_1。

趣味小实验——果蔬中维生素 C 含量的测定

实验用品

原料：新鲜的苹果、橘子、葡萄、猕猴桃、黄瓜、番茄、青椒、梨、桃(在冰箱中 4℃下用保鲜袋保存)。

仪器：分析天平、烧杯、试管、量筒、胶头滴管、移液管、100 mL 容量瓶、酸式滴定管、铁架台、纱布、研钵、吸水纸。

实验步骤

(1)样品液制备。

洗净样品，擦干其外部附着水分。大果蔬先纵切为4～8份，每一份重20～30 g，除去不能食用部分，切碎；小果蔬沿中线切为两份，取一份切碎，并称取一定量。

将称量后的样品放入研钵，加入2%的盐酸5～10 mL，研磨至糊状；把研钵中的样品移至100 mL的容量瓶中，用适量的2%的盐酸把研钵冲洗干净，并把该冲洗液加入容量瓶中；然后加入2%的盐酸至100 mL刻度线，充分混匀；用干燥、清洁的两层纱布过滤至干燥烧杯中，以备测定。

(2)样品液测定。

用移液管吸取1%的KI溶液0.5 mL、0.5%的淀粉溶液2 mL和果蔬滤液5 mL置于50 mL的烧杯中，用蒸馏水稀释至10 mL；用0.001 mol/L的KIO_3溶液进行滴定，并不时地摇动烧杯，至1 min内微蓝色不褪为止；记录所用的KIO_3溶液的量，重复三次，计算维生素C含量的平均值。

(3)计算公式。

用$W=(0.088V/B)\times(b/a)\times100$计算维生素C的含量。其中，$W$为100 g样品所含维生素C的质量(mg)，$V$为样品滴定所用$KIO_3$溶液的体积(mL)，0.088为1 mL的0.001 mol/L KIO_3相当于维生素C的质量(mg/mL)，B为滴定所用的样品溶液的体积(mL)，b为制成样品液的总体积(mL)，a为样品的质量(g)。

第四节　蛋　白　质

一、蛋白质的概述

蛋白质是一类重要的生物大分子，是一切生物体中普遍存在的一类高分子含氮化合物，是由天然氨基酸通过肽键连接而成的生物大分子，具有复杂的分子结构和特定的生理功能。元素分析结果表明，所有蛋白质分子中都含有碳(50%～55%)、氢(6%～8%)、氧(19%～24%)、氮(13%～19%)、硫(0%～4%)。此外，有些蛋白质中还含有少量矿物质，如磷、硒、铁、铜、锌、锰、钴、钼等。各种蛋白质的含氮量十分接近，平均为16%，这是蛋白质元素组成的一个特点。

蛋白质可以按照其分子形状、组成、溶解度、功能等进行分类。根据分子形状不同，蛋白质可分为球状蛋白质和纤维状蛋白质；根据组成不同，蛋白质可以分为单纯蛋白质(或称为简单蛋白质)和结合蛋白质；根据溶解度不同，蛋白质可以分为清蛋白、球蛋白、谷蛋白、谷醇溶蛋白、组蛋白、鱼精蛋白、硬蛋白；根据功能不同，蛋白质可以分为活性蛋白质和非活性蛋白质。

二、蛋白质的基本组成单位——氨基酸

蛋白质可以被酸、碱或蛋白酶催化水解，在水解过程中，逐渐水解成相对分子质量越来越小的肽段，直到最后成为氨基酸的混合物。

蛋白质水解程度有完全水解和部分水解两种情况。完全水解即彻底水解，得到的水解产物是各种氨基酸的混合物；部分水解即不完全水解，得到的水解产物是各种大小不等的肽段和氨基酸。

将蛋白质完全水解并通过准确测定，发现构成生物体蛋白质的氨基酸有 20 种。氨基酸的分类依据有很多，构成人体蛋白质的氨基酸可分为必需氨基酸、非必需氨基酸、条件必需氨基酸。

趣味小实验——味精中的氨基酸

实验原理

味精又称为味素，是调味品的一种，其主要成分为谷氨酸钠。通过调节谷氨酸钠溶液的 pH 值可实现谷氨酸钠不同存在形态之间的相互转化。谷氨酸的等电点(即氨基酸以两性离子的形态存在时溶液的 pH 值)为 3.22。

实验用品

烧杯、试管、滴管、味精(谷氨酸钠 $\geqslant$ 99%)、6 mol/L 的盐酸、6 mol/L 的氢氧化钠溶液。

实验步骤

(1)用味精配制谷氨酸钠饱和溶液。取 2 mL 谷氨酸钠饱和溶液，滴加 6 mol/L 的盐酸 1.5 mL，充分振荡 10～20 s，析出大量晶体。将试管倒置，没有液体流出，晶体全部附着于试管内壁。继续滴加 6 mol/L 的盐酸(约 1.9 mL)，边振荡边滴加直至晶体恰好溶解。

(2)取 3 mL 上述溶液，逐滴加入 6 mol/L 的氢氧化钠溶液(25 滴左右)，充分振荡，溶液变浑浊。若析出晶体的量太少，可适当再滴加 2～3 滴氢氧化钠溶液。继续滴加氢氧化钠溶液，晶体再次溶解。

三、蛋白质的性质与功能

蛋白质是由氨基酸组成的高分子有机化合物，因此它具有氨基酸的一些性质。同时，蛋白质作为高分子化合物，又表现出与低分子化合物有根本区别的大分子特性，如胶体性、变性和免疫学特性等。蛋白质具有多种生理功能。人体内的任何组织和器官，都以蛋白质为其重要组成部分，成人体内每天有 3%的蛋白质被更新，所以，蛋白质具有构成并修复人体组织的功能。蛋白质还具有生理调节的功能，如生物体内参与物质合成与分解的各种酶实际上就是具有催化能力的蛋白质，能够调节糖代谢的胰岛素也是蛋白质。此外，蛋白质也能为机体提供能量，每克蛋白质可提供 16.74 kJ(4 kcal)的能量。

化学知识小链接——食品检测中常见的蛋白质检测方法之一：凯氏定氮法

凯氏定氮法是一种运用较为广泛的蛋白质检测方法，具有适用范围广、灵敏度较高等优点。检测过程中，主要的操作步骤有样品的消化、蒸馏、吸收、滴定四个环节。检测人员首先用浓硫酸和催化剂对样品进行消化处理。在样品中的有机物被破坏之后，蛋白质中的氮元素转变为氨态氮，氨态氮与硫酸进行有效结合，生成硫酸铵。然后，运用强碱反应，实施蒸馏操作使氨气逸出，并使用硼酸吸收处理逸出的氨气。最后，通过滴定准确计算出样品中的氮含量，换算后即可得出蛋白质的具体含量。这种方法耗时较长，且在整个检测过程中会产生有毒有害气体，因此必须在通风要求达标的地方进行实验。

四、食品中常见的蛋白质

肉类蛋白质：主要存在于肌肉组织中，如牛肉、羊肉、猪肉、鸡肉、鸭肉等。肉类蛋白分为肌原纤维蛋白、肌浆蛋白和基质蛋白。肌原纤维蛋白溶于一定浓度的盐溶液，也称为盐溶性蛋白。肌浆蛋白主要包括肌溶蛋白和肌球蛋白X，还包括少量使肌肉呈现红色的肌红蛋白及肌粒蛋白等。基质蛋白主要有胶原蛋白和弹性蛋白，不溶于水和盐溶液。

谷物类蛋白质：成熟、干燥的谷粒中含有一定量的蛋白质，如面粉中含有小麦蛋白。其中，麦醇溶蛋白和麦谷蛋白占蛋白质总量的80%～85%，与水混合后能形成具有黏性和弹性的面筋蛋白。非面筋的清蛋白和球蛋白占总量的15%～20%，能溶于水，具有凝聚性和发泡性。小麦蛋白因缺乏赖氨酸，所以不是理想蛋白质。

大豆蛋白：可分为清蛋白和球蛋白。清蛋白约占5%，球蛋白约占90%。大豆球蛋白可溶于水、碱或食盐溶液。大豆蛋白分散在水中形成胶体，在一定条件下(pH值、加热温度和时间、盐类等)可转变为凝胶。大豆蛋白制品在食品加工中具有漂色和增色的作用。例如，在加工面包的过程中添加大豆粉，大豆粉中的脂肪氧合酶能氧化多种不饱和脂肪酸，产生氧化脂质，氧化脂质能够漂白小麦中的类胡萝卜素，使之由黄变白，形成瓤很白的面包。此外，大豆蛋白又与面粉中的糖类发生美拉德反应，可加深面包表面的颜色。

第五节 脂　类

一、脂类的概述

脂类是生物体内一类不溶于水而溶于有机溶剂的天然有机化合物。脂类主要包括脂肪(甘油三酯)、磷脂、糖脂、固醇等。习惯上将在室温下呈固态的脂肪称为脂，呈液态的脂肪称为油。脂肪是食品中重要的组成成分，是人类所需的营养物质。脂肪的热量很高，1 g 脂肪能提供 37.56 kJ 的能量，人类膳食总能量的 20%～30%来自脂肪。

生活知识小链接——节食减肥是否可行

人体内的脂肪细胞可以不断地储存脂肪，至今没有发现其吸收脂肪的上限。这就意味着，人体会因不断地摄入过多的能量而不断地积累脂肪，从而导致身体发胖。

人体不能利用脂肪酸分解的含二碳的化合物合成葡萄糖，所以脂肪不能给脑、神经细胞及血细胞提供能量。人在饥饿时必须消耗肌肉细胞中的蛋白质和糖原，满足人体的能量需要。这是节食减肥的危害性之一。

二、脂类的分类

脂类有多种分类方式。按照极性可以将其分为非极性脂质和极性脂质。按照化学组成可以将其分为单纯脂质(主要有甘油三酯和蜡)、复合脂质(主要有磷脂和糖脂)以及衍生脂质(主要有取代烃和固醇类)。下面介绍几种重要的脂类：甘油三酯、磷脂和固醇类。

(一) 甘油三酯

甘油三酯又称为脂肪，是由一分子甘油和三分子脂肪酸组成的，其分子结构如图 2-6 所示。甘油三酯是油脂的主要成分，含量占油脂的 98%以上。

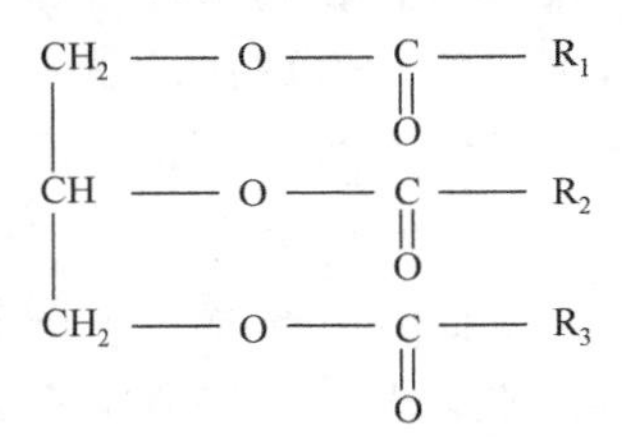

图 2-6　甘油三酯的分子结构

图 2-6 中，R_1、R_2、R_3 为脂肪酸链。当 R_1、R_2、R_3 相同时，称为简单甘油三酯；当 R_1、R_2、R_3 不同时，称之为混合甘油三酯。

自然界中的脂肪多为混合甘油三酯的混合物。甘油三酯的化学性质与酯键及其所含的甘油和脂肪酸有关。甘油三酯能被酸、碱、水蒸气及酯酶水解，生成甘油和脂肪酸。

(二) 磷脂

磷脂是指甘油三酯中的一个或两个脂肪酸被含磷酸的其他基团所取代的一类脂类。在人体中，磷脂是构成细胞膜的主要结构，也是脂蛋白颗粒的重要组成成分。磷脂是具有亲水性和疏水性的两性分子，可以帮助脂类或脂溶性物质，如脂溶性维生素、激素等顺利通过细胞膜，从而促进细胞内外的物质交换。此外，磷脂作为乳化剂能使脂肪悬浮在体液中，不仅有利于其吸收、转运和代谢，还有利于胆固醇的溶解和排泄。

（三）固醇类

固醇根据其来源可以分为动物固醇和植物固醇。动物固醇主要指胆固醇。胆固醇以游离形式或以脂肪酸酯的形式存在，不溶于水、稀酸及稀碱溶液，易溶于乙醚、氯仿、苯等溶剂。胆固醇能被动物吸收，动物自身也能合成胆固醇。人体内胆固醇含量太高或太低均不利于身体健康。胆固醇含量过高会在人体的血管壁上沉积，引起动脉硬化。各种植物油中都含有植物固醇，如菜籽油固醇、豆固醇、谷固醇等，这些固醇同胆固醇一样，都是3-羟基固醇，区别在于双键的多少和支链的大小。常见油类中的固醇含量（初制油）如表2-1所示。

表2-1　常见油类中的固醇含量（初制油）

类型	含量	类型	含量	类型	含量
豆油	0.15%～0.38%	芝麻油	0.43%～0.55%	蓖麻油	0.5%
花生油	0.19%～0.25%	玉米芽油	0.58%～1.0%	猪油	0.11%～0.12%
橄榄油	0.23%～0.31%	棕榈油	0.03%	椰子油	0.06%～0.08%

注：表中数值节选自王淼，吕晓玲主编的《食品生物化学》第72页的表4-3。

三、脂类的性质与功能

纯净的脂类无色无味，天然油脂之所以略带黄绿色是因为其中含有天然色素（胡萝卜素或叶绿素等）。脂类的密度比水小，多数脂类无挥发性。

（一）脂类水解

在加热和水的作用下，或者通过酶的作用，脂类中的酯键会发生水解，从而生成游离脂肪酸。游离脂肪酸比甘油脂肪酸酯更容易氧化。油炸过程中，食物中的水分会导致油脂水解，产生游离脂肪酸，化学方程式如下。

$$C_3H_5(OOCR)_3+3H_2O \xrightarrow{H^+或酶} 3RCOOH+C_3H_5(OH)_3$$

如果游离脂肪酸含量较高会影响油炸食品的口感。

脂类在碱性条件下水解称为皂化反应，水解生成的脂肪酸盐称为肥皂，工业制肥皂的原理便是此反应。在多数情况下，人们会采用工艺措施降低油脂的水解，但也有特殊情况。例如，人们在制作面包和酸奶时，会选择、利用能控制的脂解反应，以产生独特的风味。

（二）脂类氧化

脂类容易氧化，含有大量不饱和脂肪酸的食用油的氧化一直是食品工业关心的问题。食品在加工和贮藏期间，其中的脂类在空气中的氧、光、温度、微生物、酶和金属离子等的作用下，会产生不良的风味和气味，甚至产生一些有毒的化合物。脂类氧化产生的风味化合物包括酯、醛、醇、酮及烃，其中不饱和醛与酮是食用油不希望有的氧化风味的主要成分。

化学知识小链接——一种快速提取乳粉中脂肪测定其过氧化值的方法

(1)脂肪提取液的制备。

称取 10 g 二水合柠檬酸三钠，10 g 水杨酸钠，量取 18 mL 正丁醇，溶于 72 mL 的去离子水，备用。称取 10 g 左右的样品放入 50 mL 的离心管，加入 20 mL 提取液，摇至乳粉与提取液混合均匀，再加水至 50 mL，摇匀，放入 60℃振荡水浴锅中振荡加热 15 min，取出后放入离心机离心 10 min。取上层脂肪层，放入真空干燥箱中烘至恒重，计算脂肪含量(记为 X_1)。

(2)脂肪提取率的计算。

按照 GB 5009.6—2016《食品安全国家标准 食品中脂肪的测定》中的第三法——碱水解法测定乳粉中的脂肪含量(记为 X_2)。

$$脂肪提取率\ Y(\%)=X_1/X_2\times100\%$$

(3)过氧化值的测定。

可采用 GB 5009.227—2016《食品安全国家标准 食品中过氧化值的测定》中的第一法——滴定法测定乳粉中提取的脂肪的过氧化值。

(三)脂类物质的生理功能

脂类物质具有重要的生理功能，可概括为以下几点。

1. 构成身体成分

磷脂和胆固醇是生物膜的主要成分，细胞所含有的大部分磷脂都集中在生物膜中。生物膜按质量计算，一般含有磷脂 50%～70%，含有胆固醇 20%～30%。磷脂中的不饱和脂肪酸影响生物膜的流动性，饱和脂肪酸和胆固醇影响生物膜的坚韧性。此外，生物膜所特有的柔软性、半通透性及高电阻性均与磷脂有关。

2. 体内储存和供给能量

脂类物质中的甘油三酯，是机体代谢所需燃料的储存形式。当机体需要能量时，脂肪细胞中的酯酶便会分解甘油三酯，释放出甘油和脂肪酸，并进入血液循环同食物中被吸收的脂肪一起被分解，释放出能量以满足人体的需求。

3. 供给必需脂肪酸

细胞膜中磷脂的重要组成成分——必需脂肪酸能促进生长发育，维持皮肤和毛细血管的健康。脂类还具有合成激素、作为脂溶性维生素的载体等作用。

第六节 食品添加剂与食品安全

食品的风味是食品质量的一个重要指标，一般包括滋味和气味两个方面。狭义指香气、滋味和入口获得的香味；广义指摄入的食品通过人的感觉器官(嗅觉、味觉、触觉、痛觉、视觉和听觉等)所留下的综合印象。

食品中体现风味的化合物称为风味物质。风味物质一般有多种，各种风味物质之间会发生相互作用，其中几种起主导作用，其他起辅助作用。

风味物质一般具有以下几个特点。

(1)由多种化合物组成。通常通过味觉或嗅觉等进行分类，如甜味物质、酸味物质、香味物质等。

(2)食品中的各种风味物质的浓度不同。除少数几种风味物质浓度较高外，大多数风味物质浓度很低。

(3)稳定性较差。例如，许多能产生嗅觉的风味物质容易挥发、热解，以及与其他物质发生作用。

中华饮食烹饪注重味道，对调味原料的开发应用历史之久、范围之广、品种之多，堪称世界第一。调味品在烹调中的用量虽少，但作用却相当大。中国现在应用的调味品总数已有千余种，其中有天然的，也有人工的；有动、植物的，也有矿物性的。调味品有咸味、甜味、酸味、麻辣味、香味、鲜味等。

一、食品添加剂

《中华人民共和国食品安全法》中规定：食品添加剂是指为改善食品品质和色、香、味，以及为防腐、保鲜和加工工艺的需要而加入食品中的人工合成或者天然物质，包括营养强化剂。食品添加剂根据不同的分类依据可分为不同种类。按照其来源不同，食品添加剂可以分为天然食品添加剂和人工化学合成食品添加剂，其中人工化学合成食品添加剂是采用化学手段，通过氧化、还原、缩合、聚合、成盐等反应所得到的物质，可以进一步分为一般化学合成品和人工合成天然等同物两类。

随着食品工业的快速发展，食品添加剂已成为现代食品工业的重要组成部分，对食品工业的技术进步和科技创新具有推动作用。但从另一方面分析，如果缺乏对食品添加剂正确的认识而导致食品添加剂的滥用和失控现象发生，则会埋下食品安全事故的隐患。

二、食品安全

国际食品法典委员会(CAC)对食品安全的定义："消费者在摄入食品时，食品中不含有害物质，不存在引起急性中毒、不良反应或潜在疾病的风险。"具体地讲，食品安全是指在合适的食用方式和食用量下，人们长期食用，不会产生可观测到的不良反应。广义的食品安全问题也包括由于营养过剩或营养不良导致的对人体健康的危害。食品安全包含的内容非常丰富，可分为卫生安全和营养安全两大类。

食品是人类生存的物质基础，食品安全问题也逐渐走进人们的视野，成为世人关注的焦点问题之一。食品安全问题之所以在世界范围内得到广泛关注，原因之一是国际上食品安全问题频发。这些事件无论是对消费者、食品市场，还是对社会经济环境而言，均会产生不良影响。

随着加工工艺的复杂化，以及从种植养殖到最终消费的整个环节不断增加，影响食品安全的因素也日益增多。我国的食品安全仍然面临着严峻的挑战，主要表现在以下几个方面：①微生物污染造成的食源性疾病问题；②农产品中农药和兽药的残留超标；③环境污染影响食品安全；④新技术、新工艺、新资源带来了食品安全的新问题；⑤传统的、落后的加工工艺和贮存运输条件造成的污染；⑥掺假现象依然存在。

保证食品的质量与安全，是促进我国经济发展、打造和谐社会的重要保障。面对食品安全问题，我们应充分重视，在原料选择、食品加工、流通消费及食品安全管理等环节做好监管工作，降低食品安全隐患。

思考与讨论

1．油脂的性质与功能有哪些？
2．单糖、低聚糖和多糖的区别是什么？
3．什么是食品添加剂？
4．动手做一做：选择新鲜的甘蔗，榨成汁，用小火熬制成红糖，然后倒入模具定型。

第三章　化学与建筑

建筑的演变过程与化学息息相关。从远古时代的洞穴巢居到如今的高楼大厦，从简陋的纸糊窗户到如今的钢化玻璃，从单一色彩的涂料到丰富多彩的壁纸，随着社会的不断发展，家居生活也越来越丰富多样。人们对居住环境的追求不仅局限于居住功能与装饰美化方面，更注重健康与环保。构建绿色环保的居住场所成为当下的潮流趋势。

第一节　建筑材料的演变

一、建筑材料的发展史

自人类出现之后，便有了居住之所。随着时代的发展，人们的居住场所也在不断发展，从原始社会的巢居、穴居，到后来的宫殿建筑，再到现代建筑，建筑文化在历史的发展中逐渐完善。

（一）早期建筑材料

原始人类最初居住在洞穴中，后来为了适应自身的生存和发展，开始利用石块、土坯、木头等作为建筑材料建造半地穴式的圆形小屋或长方形大屋，之后又发展为地面建筑。随着社会的进步和发展，人类不再满足于利用现成的天然材料，而是开始创造各种建筑材料，如砖、瓦、灰等。

1. 砖

我国生产和使用砖的历史悠久。砖最初出现于战国时期，在这一时期的遗址中曾发现空心砖、条砖、栏杆砖等多种砖。在秦汉时期，砖的生产工艺就已经达到了较高的水平。汉代，砖的生产工艺进一步发展，其中小块条砖的质量和尺寸都和现代砖较为接近，还出现了方砖和楔形砖，以及装饰用的砖刻。到了明清时期，砖被广泛应用于民居。砖作为一种常见的砌筑材料，制作工艺简单，所需的原材料容易获取，体积小，便于运输，可砌成不同结构的建筑物，经久耐用，至今在墙体、柱子等结构中仍大量使用。传统砖主要由黏土烧制而成，但是由于生产黏土砖毁田且取土量大，生产出的砖自重大且生产效率低，因此人们开始尝试使用新型材料取代黏土等传统材料烧制砖。例如，通过工业废料烧制砖，在减少环境污染的同时也保护了耕地，节约了燃料。

按使用的原材料不同，砖可分为黏土砖和非黏土砖，粉煤灰砖、炉渣砖和灰砂砖都属于非黏土砖。非黏土砖不仅生产耗能低，还可以减少黏土的用量，是变废为宝的有效途径之一。按制造工艺分类，砖可分为烧结砖和非烧结砖，蒸养砖、蒸压砖、免烧砖等都属于非烧结砖。非烧结砖通常以各类固体废弃物为原料，经过常压蒸汽、高压蒸汽或自然养护而成，因其能源消耗少且性能优良，现已成为一种大有前景的新型建筑材料。

在砖的烧制过程中，铁和钙的氧化物在烧结过程中的转变决定了最后成品砖的颜色。烧制过程中黏土中的铁元素在高温下完全氧化为三氧化二铁，砖呈红色，即红砖；氧化钙在 700℃高温时会与含铁的矿物化合，从而使砖呈现出黄色或浅黄色。传统青砖的烧制过程可分为两个阶段，一是烧成红砖，二是让红砖变青砖。红砖变青砖需要多道工序，其中最重要的工序是还原烧结，将红砖中的三氧化二铁还原成黑色（青色、灰色）的氧化亚铁。

 **化学知识小链接——青红砖的成因**

一般来说，有三类失误可能造成青砖被烧成青红砖。

(1) 还原烧结时间不够。还原气氛和浓度没有达到完全耗尽氧气的要求，砖垛某些部位或砖垛内部便会呈现氧化气氛下的红色。

(2) 窑体密封不好。如果窑体密封不好出现漏气，那么在还原阶段或还原后的高温阶段会造成外界的空气（氧气）进入窑内，导致还原气氛不足或还原后再次氧化。

(3) 高温出窑造成的再次氧化。红砖中的三氧化二铁（Fe_2O_3）在还原气氛中会形成黑色（青色、灰色）的氧化亚铁（FeO），这是红砖变青砖的化学反应过程。而氧化亚铁不稳定，遇高温会迅速氧化成红色的三氧化二铁。红砖变青砖和青砖变红砖的转换过程需要两个基本条件：烧结气氛和温度。开窑时温度较高，由于氧化亚铁不稳定，导致被氧化，从而使青砖颜色逐渐变成红砖或灰砖。总之，开窑时温度的高低决定了砖的变色程度，高温为红色，低温为灰红色或灰色。

2. 瓦

瓦的出现比砖早，在西周遗址中就发现了板瓦、筒瓦等。春秋时期出现了青瓦，战国时期出现了带有装饰图案的瓦。隋唐、五代时期常见的瓦有灰瓦、黑瓦和琉璃瓦。到了宋代，琉璃瓦达到了较高的制造工艺技术水平。瓦（一般指烧制黏土瓦）的主要原料是黏土，包括页岩、煤矸石等粉料，经过泥料处理、成型、干燥和焙烧制作而成。按材料的不同，瓦可以分为黏土瓦、水泥彩瓦、石棉水泥瓦、聚氯乙烯瓦和沥青瓦等。

3. 灰

灰是一种无机气硬性胶凝材料，主要包括石灰和石灰膏。胶凝材料是指一种加水拌和后发生物理或化学变化，使其从浆体变成坚硬的固体，并将其他散粒状或块状物料胶结在一起的材料。石灰是使用较早的一种胶凝材料，其原材料是石灰石，主要成分是碳酸钙($CaCO_3$)，因为原材料来源丰富且制作工艺简单，所以一直被广泛应用。将石灰石煅烧，碳酸钙将分解生成白色或灰色的块状的生石灰(CaO)。工业上通常将生石灰加水使其生成消石灰[$Ca(OH)_2$]，这个过程称为石灰的“熟化”，化学方程式为 $CaO+H_2O = Ca(OH)_2$。生石灰熟化后通过筛网进入储灰坑，灰浆在储灰坑中沉淀，除去上层水分后，便可得到石灰膏。

(二)金属材料和玻璃

1. 金属材料

金属材料在建筑中的应用历史悠久，随着科学技术的发展，金属材料也在飞速发展，从最初作为构造材料，到现在作为建筑的装饰性材料，金属材料及其加工工艺越来越丰富。

金属通常可分为黑色金属与有色金属两大类。黑色金属包括铁、锰、铬及其合金，主要是铁碳合金(钢铁)。有色金属通常是指黑色金属以外的所有金属。黑色金属常作为结构材料使用，而有色金属多作为功能材料使用。目前，建筑中所使用的金属材料通常是金属单质或金属合金。这些材料的导电性、导热性、延展性较好，还具有反光性，常温下绝大部分为固体。在建筑上常用铁、铝、铜、锌、钛等几种金属及其合金。

2. 玻璃

玻璃具有悠久的历史，最初由于其具有易碎、隔热性差和隔音性差等缺点通常不作为建筑材料使用，但是随着科学技术的发展，其制造工艺也在改进提升。如今，玻璃材料也成了必不可少的建筑材料。现阶段的玻璃制品具有控光、控温、降噪、隔音等多种功能，以石英砂、纯碱、石灰石为主要原料，加入少量辅助性材料经过高温熔融、成型、过冷等工序制成。建筑中使用的玻璃材料有以下两种。①隔热玻璃，在两片玻璃之间建立一个 6～25 mm 的密封腔，填充脱湿空气、凝胶、氩气等，或填充聚碳酸酯或石英泡沫等半透明绝缘材料降低热传导，起到隔热的效果。②钢化玻璃，平板玻璃经过加工处理制成钢化玻璃，其强度比平板玻璃高数倍，不容易破碎。

化学知识小链接——玻璃雕花

取一块石蜡放在一块玻璃片上，用酒精灯加热玻璃片，使石蜡融化并均匀地附在玻璃片上。待石蜡冷却凝固后用牙签在石蜡上画出自己喜欢的图案。取一个铅制蒸发皿，倒入适量的氟化钙和硫酸，把涂有蜡的画面朝下放在蒸发皿上，加热几分钟，把玻璃片拿出，冷却后用汽油擦去玻璃表面的石蜡，这时，可以观察到玻璃上“雕刻”出了美丽的图案。

实验中能在玻璃上“雕刻”的物质是氢氟酸。氟化钙与硫酸反应生成氟化氢，氟化氢遇水就会生成氢氟酸，氢氟酸与石蜡不发生反应，但会与二氧化硅发生化学反应，从而在玻璃上“雕刻”出图案。用牙签画过的地方，玻璃会裸露出来，并与氢氟酸发生反应，形成图案，看起来就像是用玻璃刀雕刻过一样。

(三)水泥和混凝土的发展

1. 水泥

1889 年，我国建成了第一个水泥厂，开创了我国水泥工业的历史。20 世纪 50 年代末至 60 年代初，我国制造出了具有较高水平的湿法窑和半干法立波窑。1975 年以后开始研究与开发新型干法生产线。1996 年起我国水泥工业向节能型、环保型和资源型的“绿色水泥”工业迈进。

水泥是粉末状的水硬性胶凝材料，加水搅拌成浆体，能在空气和水中发生硬化，与砂、石等其他材料胶结在一起，进而形成坚硬的材料。按照其主要成分可分为硅酸盐水泥、铝酸盐水泥、硫铝酸盐水泥、铁铝酸盐水泥等。在工业中使用的主要是硅酸盐水泥，它主要是由硅酸三钙($3CaO \cdot SiO_2$)、硅酸二钙($2CaO \cdot SiO_2$)、铝酸三钙($3CaO \cdot Al_2O_3$)和铁铝酸四钙($4CaO \cdot Al_2O_3 \cdot Fe_2O_3$)组成的。

水泥使用过程中涉及的化学反应主要包括水泥的凝结和硬化。当水泥与适量的水进行调和时，一开始会形成一种可塑性的浆体，随着时间的流逝，浆体的可塑性慢慢降低(此现象称为初凝)，直至完全消失(此现象称为终凝)。水泥凝结后，强度不断增加，直到最后变成坚硬的水泥石，这个过程就是水泥的硬化。

化学知识小链接——水泥深层搅拌桩成桩的原理

水泥和软土中的水发生强烈的水解和水化反应，反应原理如下。

$$2(3CaO \cdot SiO_2) + 6H_2O = 3CaO \cdot 2SiO_2 \cdot 3H_2O + 3Ca(OH)_2$$

$$2(2CaO \cdot SiO_2) + 4H_2O = 3CaO \cdot 2SiO_2 \cdot 3H_2O + Ca(OH)_2$$

$$3CaO \cdot Al_2O_3 + 6H_2O = 3CaO \cdot Al_2O_3 \cdot 6H_2O$$

$$4CaO \cdot Al_2O_3 \cdot Fe_2O_3 + 2Ca(OH)_2 + 10H_2O = 3CaO \cdot Al_2O_3 \cdot 6H_2O + 3CaO \cdot Fe_2O_3 \cdot 6H_2O$$

水泥经水化作用后生成氢氧化钙、水化硅酸钙、水化铝酸钙、水化铁酸钙等水化物，有些物质继续硬化形成水泥骨架，有些则与活性土进行离子交换，或发生团粒反应、硬凝反应等。通过机械搅拌，使土颗粒黏结、固结、结团，形成网状结构，从而达到加固软土地基的效果。

2. 混凝土

混凝土是一种复合材料，是将胶凝材料、骨料和水进行搅拌、振捣、成型并在一定条件下养护而成的人造石材，被广泛应用于建筑工程领域。混凝土大多使用石、砂作为骨料，而胶凝材料种类较多。一般情况下，混凝土主要是把水泥作为胶凝材料，将石、砂作为骨料，并与水、外加剂按照规定的配比进行搅拌，进而形成水泥混凝土建筑材料。按照胶凝材料的不同，混凝土可以分为水泥混凝土、硅酸盐混凝土、水玻璃混凝土、沥青混凝土等。混凝土是目前最主要的建筑材料，如今居住的房屋基本都用到了混凝土材料。

（四）现代建筑材料

随着科学技术的发展，新型建筑材料不断出现，各种高分子材料、特殊玻璃等被广泛用作建筑材料。随着建筑材料种类的逐渐增加，人们对于材料的选择和使用有了更高的要求。无污染、有利于环境保护和人体健康的新型材料在建筑中得到了更广泛的应用。

二、绿色建筑材料

随着现代科学技术的发展，人民的生活水平逐步提高，大家所追求的目标也有所变化。如今，人们更注重追求高品质、高质量的绿色健康生活，这样就对建筑工程提出了更严格的要求，所使用的建筑材料也逐渐向可持续发展的绿色建筑材料发展。

（一）绿色建筑材料的概述

绿色建筑材料又被人们叫作"生态建筑材料"，其本质是采用健康、环保的生产技术，制作无毒害、无污染、对人体健康有益的建筑材料。

绿色建筑材料主要具有以下几方面的特点。

(1) 重环保，无污染。绿色建筑材料的生产过程注重环保，通常会对废物进行综合利用，对各种老旧资源进行循环利用。同时，其还注重原材料的选择，通常会选择不会对环境产生污染、不会对人体产生危害的原材料。

(2) 质量轻，能耗低。绿色建筑材料的应用以新型技术与工艺为主，可以有效提升能源利用率，降低建筑能耗。另外，在装修过程中使用绿色材料，可以降低建筑物的自重。

(3) 消耗低，可循环。绿色建筑材料的生产原料都是以无污染、无毒害且可以循环利用的废弃物为主，实现了资源的二次利用。另外，使用绿色建材还可以加强对自然资源消耗量的控制，使其对环境的影响降到最低。

（二）绿色建筑材料的类型

绿色建筑材料材质轻，具有很强的保温功能，也有装饰、美化等功能。绿色建筑材料不但提升了房屋的使用功能，而且更加符合人们的审美追求。现阶段人们经常用到的绿色建筑材料主要有以下几种。

(1) 天然材料，如木制品、石膏、天然石材等有害物质含量很低，不会给人体带来任何危害的材料。

(2) 循环型材料，即利用率比较高的建筑材料。例如，用复合材料（密度板等）代替实木材料。又如，废渣、污泥等废弃物经过处理后制成生态环保水泥，既提高了产品的回收利用率，又减少了环境污染。

(3) 环保涂料，水性漆以清水作为稀释剂，无毒无味，对人体健康无害，涂刷后即可入住。按功能不同，水性漆可分为水性防锈漆、水性钢构漆、水性地坪漆、水性木器漆、木蜡油等。

随着人们对健康及生活品质的要求越来越高，对室内装修的要求也越来越高，为了提高建筑装修水平，应在装修过程中提倡绿色装修理念，一方面可以提高装修的安全性，减少有毒有害物质对人们身体健康的影响；另一方面，一些绿色材料的成本价格较低，在装修过程中也可以降低成本。

第二节 门窗的发展

建筑门窗在我国有着悠久的历史，门窗的主要作用是通行、采光、通风等，在室内装修中起着十分重要的作用。随着历史的推进和建筑行业的发展，门窗也在突飞猛进地发展。

一、门窗材料的发展

我国建筑门窗的历史可以追溯到三千多年前的商、周时期，早期的门窗都是由木材制作而成的，采用木骨架结构。后来，随着建筑材料的发展，出现了钢门窗、铝合金门窗及塑料门窗等。

（一）钢门窗的发展

20 世纪初期，我国开始发展现代建筑门窗材料。20 世纪 70 年代后期，国家实施“以钢代木”资源配置政策，推进了钢门窗、钢脚手架、钢模板等的发展。20 世纪 90 年代初，试制成功了薄壁空腹全周边密封的抗蚀耐久型不锈钢门窗，并得到了广泛使用。此外，钢制防火门、钢制卷帘门、钢制复合门、钢制安全防盗门等新型特种钢制门窗产品的出现，形成了新一代钢门窗。

钢材是建筑中应用量较大的一种金属材料，钢的主要元素是铁，其含量约占 99%，另外还含有碳、硅、锰等有益元素，以及硫、磷、氧、氮等有害元素。在工业上，先将生铁放入炼炉进行冶炼，将生铁的含碳量控制在 2.06%以下，再将其他杂质含量控制在指定范围内就能得到钢。钢材的化学成分会影响钢的组织结构，从而影响钢的性能。在炼钢过程中，硅通常作为还原剂和脱氧剂，它能显著增加钢的弹性极限、屈服点和抗拉强度，硅含量增加会降低钢的焊接性能；锰主要作为脱氧剂和脱硫剂，它能显著提高钢的强度、硬度、韧性和淬透性，锰含量增加会减弱钢的抗腐蚀能力和焊接性能；其他有害元素会降低钢的强度、塑性、韧性和延展性。

不锈钢是一种含铬的铁合金，主要成分是铁，另外还加入了锰、钒、钼、镍、铜等金属元素。不锈钢具有很强的耐腐蚀性，是钢铁材料中最复杂的钢类，为便于生产管理和选择应用，常常将其进行分类。

化学知识小链接——不锈钢为什么不易生锈

我们知道，金属在空气中会与氧气、水等物质反应，使其表面形成锈的薄膜。如果这层薄膜是疏松多孔的(如铁锈)，那么它就不能阻止金属继续锈蚀；如果这层薄膜是致密的(如氧化铝)，那么它就能保护内部的金属不再继续腐蚀。当不锈钢暴露在空气中时，它里面所含的铬能被氧化生成一层致密的氧化铬(Cr_2O_3)钝化膜，使钢与空气、水分、酸碱等物质隔离，所以不锈钢不易生锈。

目前，被广泛接受和使用的分类方法以钢的组织结构为主要依据，将不锈钢分为马氏体、奥氏体、铁素体、奥氏体+铁素体双相及沉淀硬化不锈钢五种类型。奥氏体不锈钢是不锈钢家族中最重要的一类，由于其耐蚀、良好的常温和低温塑韧性、易成形性和良好的可焊性而广泛应用于各工业领域和日常消费领域。

奥氏体不锈钢通常可分为铬镍奥氏体不锈钢(300 系列)和铬锰奥氏体不锈钢(200 系列)，二者所含的元素不同。300 系列的不锈钢其主要化学成分是铬和镍，而 200 系列的不锈钢其主要化学成分是铬、锰、氮。因此，300 系列的不锈钢(如 304 不锈钢)具有良好的力学性能和生产工艺性能，但强度和硬度稍差，不适用于一些对硬度和强度要求较高的设备；而 200 系列的不锈钢不但具有良好的韧性和塑性，而且具有较高的强度。若在 304 不锈钢基础上加入钼则可以加强耐点腐蚀和缝隙腐蚀性能，加入镍则可以加强耐应力腐蚀性能，加入镍和铬则可以改善高温抗氧化性和强度等。

生活知识小链接——不锈钢保温杯不宜装绿茶或酸性饮料

不锈钢保温杯由内外双层不锈钢制造而成，利用焊接技术把内胆和外壳结合在一起，再用真空技术把内胆与外壳夹层中的空气抽出来，以达到真空保温的效果。通常使用保温杯装热水没有问题，但如果装果汁、水果茶、碳酸饮料等酸性食品，就容易使不锈钢中的重金属离子进入食品，对人体的皮肤、呼吸系统和消化系统造成潜在威胁。

另外，许多人习惯用保温杯泡绿茶喝，这也不是一个好习惯。绿茶中含有较多对人体有益的茶多酚，但保温杯会使杯中的水保持在较高的温度，进而使茶多酚更容易被氧化成茶褐素，从而降低对人体有益的成分，茶叶的颜色也会变深。

趣味小实验——制作不易生锈的铁钉

实验用品

铁钉、三脚架、石棉网、酒精灯、烧杯、试管、稀盐酸、稀氢氧化钠溶液、固体氢氧化钠、固体硝酸钠、固体亚硝酸钠、蒸馏水。

实验步骤

先将铁钉放入装有稀氢氧化钠溶液的试管中(除去铁钉表面的油膜)，取出铁钉洗净。再将铁钉投入装有稀盐酸的试管中(除去铁钉表面的镀锌层、氧化膜和铁锈)，取出铁钉洗净。用烧杯溶解 2 g 固体氢氧化钠、0.3 g 硝酸钠和 2.3 g 左右的亚硝酸钠，将铁钉投入烧杯，并用酒精灯加热至铁钉表面生成亮黑色或黑色物质为止。

实验原理

亚硝酸根有一定的氧化性，在碱性环境中氧化性更强。铁与亚硝酸根反应生成亚铁酸钠($NaFeO_2$)和氨水。在亚硝酸根的作用下，亚铁酸钠在铁表面分解产生致密氧化膜，从而阻止铁锈的生成。

(二)铝合金门窗的发展

20 世纪 70 年代初，铝合金门窗传入我国，随后铝合金被广泛应用于工业领域。到了 1998 年，铝合金门窗的生产规模便超过了钢门窗，产品品种和系列也发展到 40 多个品种 200 余个系列。

铝单质的化学性质非常活泼，通常情况下，金属铝的活动性远大于金属铁，但是在生活中铁制品更容易锈蚀。这是因为在空气中金属铝表面会生成一层致密的氧化铝薄膜，保护内层的金属铝不再和氧气继续反应，化学方程式为

$$4Al + 3O_2 = 2Al_2O_3$$

铝合金材料作为现代化的轻质金属材料，具有容易加工、高回收率、耐腐蚀的特点。在我国的工业发展过程中，其独特的节能环保性能呈现出了重要作用。与纯铝相比，铝合金的密度稍大，强度却增加了很多。在众多的金属材料中，铝合金的导热性能非常强，并且可以广泛应用于取暖器及散热器的制造。建筑行业多利用铝合金材料进行门窗设计，因为这种门窗具有耐腐蚀性和高强度抗压性能。

工业知识小链接——铝合金门窗的设计与制作安装问题

铝合金门窗由于其良好的耐腐蚀性、极强的耐用性和强度而被广泛应用，但是在设计时需要注意以下问题：门窗型材壁厚的设计、转角节点的设计、中梃装配及设计、配件的设计。

铝合金门窗制作安装常见问题：铝合金门窗立口不正、锚固做法与要求不符、铝合金门窗渗漏、推拉窗脱落等。

综上所述，铝合金门窗凭借自身优势得到了广泛的应用。在铝合金门窗设计和制作安装过程中，要留意细节，确保质量，并要采取有效措施解决常见问题。

(三)塑料门窗发展

塑料是以树脂为主要成分，以增塑剂、填充剂、润滑剂、着色剂等添加剂为辅助成分混合而成的材料。作为新兴的建筑材料，建筑塑料的应用十分广泛。

20 世纪 60 年代初，我国开始使用聚氯乙烯(PVC)制作塑料门窗。聚氯乙烯是一种由氯乙烯经加聚反应制得的树脂，化学式为$(C_2H_3Cl)_n$。聚氯乙烯具有不少优势，如机械

强度高、防水、防化学腐蚀，且对电绝缘，但是对热和光不稳定，在加热或紫外线条件下，分子中的氯原子会以氯化氢的形式丢失，从而使材料变性、老化、强度降低。

由于当时采用单一树脂（聚氯乙烯）、过量填充剂（$CaCO_3$含量超过20%）和性能落后的改性剂、助剂，所以生产的门窗材料强度低、易变性、易老化，于20世纪70年代末被淘汰。20世纪80年代，以混型树脂（聚氯乙烯+氧化聚乙烯）为主要材料的门窗开始发展。至90年代，塑料门窗进入了高速发展时期，塑料门窗型谱系列不断丰富。

生活知识小链接——塑料制品标识解读

我们经常见到塑料制品底部有如下标识。

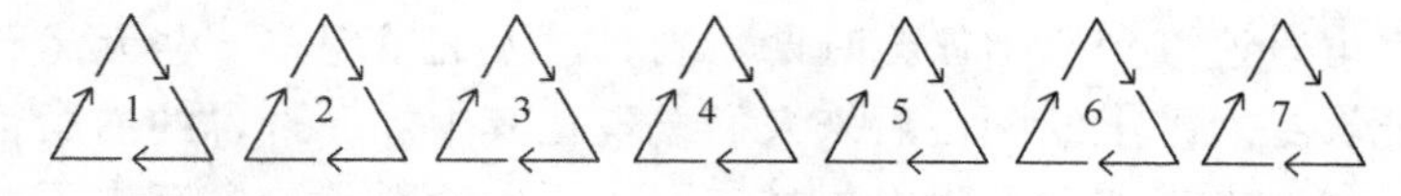

塑料制品上为什么要印这个标识？

三角形代表可回收利用，数字代表材质。这个标识就像是每个塑料制品的身份证，它们的制作材料不同，因此使用范围也不同。例如，各种矿泉水和饮料瓶上印有数字1；超市的购物袋和食品袋标着数字2；保鲜膜上印着数字3或4；可用于微波炉加热的塑料饭盒上标有数字5；一次性水杯上印着数字6。

二、新型门窗材料的发展

门窗的原材料经历了木材、钢材、铝合金和塑料的历史，随着现代科技的发展，又诞生了许多新型材料，出现了多种复合材料，使门窗的样式和性能都发生了很大的改变。

新型门窗材料的应用主要有以下几个方面。

(1)聚氯乙烯塑钢门窗。这种门窗使用的主要材料是聚氯乙烯，这种材料使用寿命较长，有良好的使用性能和效果。但是，这种门窗容易出现掉皮现象，因此在安装过程中应该选择优质涂料，采取相应的改善措施。在各类建筑门窗中，聚氯乙烯塑钢门窗在节约型材生产能耗、回收料重复再利用和使用能耗方面有突出优势，在保温节能方面有着高性能价格比。

(2)建筑塑料门窗。随着生活水平的提高，人们逐渐开始追求绿色生活，所以建筑塑料门窗开始被人们关注。建筑塑料门窗的主要材料是石油化工产品的副产品，这种材料成本较低，来源广泛，可以节约自然能源，实现节能目标。建筑塑料门窗还具备众多优势，如隔音、隔热性能较好，具有较强的耐腐蚀性、简便的安装操作、较长的使用寿命等。

(3)新型铝塑门窗。铝塑门窗是一种新型材料，它具有良好的隔热保温和封闭性，经久耐用、节能环保，近年来在我国得到了大力推广。

总而言之，随着现代科学技术的发展，对门窗材料的要求也越来越高，新技术、新材料在门窗中得到了广泛应用。在未来发展过程中，这些新材料门窗将会代替传统的门窗，成为门窗材料中的主角。

第三节 涂料的发展

涂料俗称油漆，是一种涂覆在物体表面形成牢固附着在物体表面的连续薄膜的配套性工程材料。涂料主要作为墙面建筑材料，具有装饰美化墙面的作用，同时也能够保护建筑墙面，延长墙面的使用寿命。

涂料的产生可以追溯到原始社会时期。当时，人们发现将一些天然矿石的粉末与水调和在一起，能够在岩壁上绘画。后来人们发现在其中加入野兽的油脂、草木的汁液等进行调配后，涂料会在岩壁上黏附得更加牢固，原始涂料就这样诞生了。这种涂料以无机物为主要材料，有机物作为黏结剂，所以又叫作原始无机涂料。这时涂料实质就是绘画颜料。后来人们发现用漆树的树汁(生漆)制作的涂料更加牢固，所以将生漆用作涂料。生漆的主要成分是漆酸(漆酚)，还含有胶质、含氮物、水分等。漆酸与空气接触会发生化学反应，从乳白色逐渐变为赭红色，最后变为黑色。此时会固化成膜，不可逆转，属于常温干燥的热固性树脂。生漆的使用是涂料发展的一次飞跃，标志着涂料进入了有机时代。

历史知识小链接——中国古代生漆加工及利用

漆树是中国最古老的树种之一，采割漆树皮得到的乳白色树汁为生漆。我国古代劳动人民已掌握了生漆加工技艺。秦代已有制漆专用房间“荫室”。《史记·滑稽列传》中记载：“二世立，又欲漆其城。优旃曰：‘善。主上虽无言，臣固将请之。漆城虽于百姓愁费，然佳哉！漆城荡荡，寇来不能上。即欲就之，易为漆耳，顾难为荫室。’”说明在阴湿的条件下，漆酚更容易聚合成膜，因此器物上漆后需要放在温暖潮湿的环境中等待漆干，所形成的膜才不容易产生裂纹。北宋时，人们利用天然表面活性剂增加漆膜的光泽度。南宋时，人们将铁粉、油烟、泥矾等混合制作黑光漆。明代黄成所撰《髹饰录》主要介绍明代的漆工艺，是现存世界上最早的髹漆工艺专著。

19世纪，随着合成树脂的出现，涂料开始进入了合成树脂时期。我国发展最早的合成树脂是醇酸树脂，该树脂质量稳定，产量大。氨基树脂漆由氨基树脂和醇酸树脂作为主要成膜物质，具有高光泽、高硬度和耐候性，用途十分广泛。环氧树脂主要用于配制环氧树酯底漆、环氧粉末涂料等。聚氨酯树脂增长速度最快，品种主要是芳香族聚异氰酸酯树脂。丙烯酸树脂涂料类型最多，综合性能最强，装饰性能和保护性能较好，既可以做成溶剂型涂料，也可以做成水性涂料，因此丙烯酸树脂已经成为最受人们喜爱的一类合成树脂涂料。

工业知识小链接——示温涂料

示温涂料是一种通过颜色变化来指示物体表面温度的特种涂料。根据变色后颜色的稳定性，可以分成可逆型示温涂料和不可逆型示温涂料两大类。因示温涂料测量温度具有简单、快速、直观的特性，因此受到各国的重视，被广泛用于飞机、炮弹、电子元件、高压电路板等表面温度的测量。

示温涂料的基本成分有变色颜料、高分子基料、填料、溶剂。其中，变色颜料是受温度影响发生颜色变化的主要成分，许多有机染料及无机盐染料均可作为变色颜料。高分子基料包括白乳胶、虫胶、氨基树脂、硅树脂等，可使涂层牢固地附着在被测物体表面。填料有滑石粉、钛白粉、碳酸钙等，用于增加涂层的遮盖能力，使颜色均匀分布。溶剂能稀释基料，调节涂料的黏度。

第四节　建筑材料与化学污染

随着经济的不断发展，与人们对舒适生活环境的追求，室内装修也朝着精致化、舒适化的方向发展。但是，装修材料的化学污染却一直是困扰人们的重要问题。家庭装修材料中的有害物质主要有以下四种：甲醛、苯、氨、氡。这些污染物的主要来源是装修涂料、壁纸、家具门窗、木器漆等。其中，甲醛被认为是目前对人体影响最大的有害物，已经被世界卫生组织确定为致癌物和致畸形物。所以，弄清楚污染物的来源与学会防治污染物是很有必要的。

（一）甲醛

甲醛（HCHO 或 CH_2O），又称为蚁醛，是一种无色有强烈刺激性气味的气体，易溶于水和乙醇。甲醛广泛用于塑料和合成纤维工业。室内装修的许多材料，如油漆、涂料、地毯、墙布和墙纸等，都极易产生甲醛。现在很多家具使用的板材为细木工板、多层胶合板、密度纤维板等，这些板材使用了大量的胶黏剂，而胶黏剂中含有甲醛。由于甲醛的释放期比较长，因此室内装修后 1～2 年甲醛都不能完全挥发掉，导致室内有害气体超标。

人体呼吸道吸入甲醛气体、消化道吸收甲醛溶液后，会在肝脏和红细胞的功能组织内迅速将其氧化为甲酸，并以甲酸盐的形式由尿液排出。但是，甲醛在人体组织内，特别是肝和红细胞内迅速氧化成甲酸的过程中可引起组织损伤，出现中毒症状。此外，甲醛对视神经有特殊的选择和麻醉作用，对皮肤、黏膜有一定的刺激作用。长期接触甲醛会引起慢性呼吸道疾病、癌症，还可对免疫系统和神经系统产生损害。

生活知识小链接——选择水培植物吸收室内甲醛

新装修的室内甲醛超标的可能性极大，因此解决室内甲醛污染问题已成为净化室内空气研究的重要课题。19世纪80年代，沃尔弗顿(Wolverton)首次发现植物能够吸收与净化测试舱内的可挥发性有机物。国内外相关研究发现植物可通过茎叶吸收、根际叶际微生物降解作用等方式达到持续降低污染物的目的。水培植物(利用营养液栽培的植物类型)能够吸收室内甲醛。

如何选择水培植物，从而有效改善居室环境呢？我们可以从综合甲醛吸收率与单位叶面积甲醛吸收率两个方面评价水培植物的甲醛吸收能力。实验结果表明，在居室环境中可选择甲醛吸收率高、叶面积大的水培植物或综合指标均较高的水培植物类型，如绿萝、吊竹梅、鹅掌柴、波士顿蕨、金边吊兰、鸟巢蕨等。

(二)苯

苯(C_6H_6)是结构最简单的芳香烃，在常温下是一种无色、有甜味、油状的透明液体，其密度小于水，具有强烈的特殊气味。苯不溶于水，易溶于有机溶剂，本身也可作为有机溶剂。

苯的主要来源是胶、漆、涂料和黏合剂，是强烈的致癌物。苯系物在装修之后停留的时间较长，短时内不能完全挥发。在居室装修中，如果涂料使用不当，或者工艺不到位，就会加重苯系物污染。

人体通过呼吸道或皮肤吸收苯后会对神经系统、造血系统及实质脏器造成损伤。目前，世界卫生组织已经确定，人们长期接触苯和苯系物，容易诱发白血病、再生障碍性贫血及慢性中毒等。

装修知识小链接——居室苯污染的预防

目前，室内空气中允许的苯浓度为0.11 mg/m^3，甲苯浓度为0.20 mg/m^3，二甲苯浓度为0.20 mg/m^3(上述数值为1小时内的平均值)。

居室装修尽量选用符合国家标准和污染少的装修材料，可以有效降低室内空气中的苯含量。例如，油漆、胶和涂料首选正规厂家生产的，水性材料应选择无污染或污染物少的，另外还要注意胶黏剂的选择。

同时，我们一定要认识到，即使所选用的装修材料都符合国家标准，但是由于交错使用各种材料，同样有可能使室内苯、甲苯、二甲苯等含量超标。

因此，我们一定要更新装修理念，尽量减少使用装修材料的比例。家居不一定要大涂大粘，小创意一样能达到理想的效果。

(三)氨

氨是一种无色、有刺激性臭味的气体，密度比空气小。它还是一种碱性物质，在高温时会分解成氮气和氢气，有还原作用。生活环境中的氨主要来自生物性废弃物，一些装饰材料中也含有一定的氨。人们长期接触氨，可能会出现皮肤色素沉积或手指溃疡等症状，这是因为氨能够吸收皮肤组织中的水分，使组织蛋白变性及破坏细胞膜结构。人体吸入氨气，容易造成肺部损伤。如果短期吸入大量氨气可能出现咽痛、咳嗽、胸闷及呼吸困难等症状，严重者可能发生肺水肿、急性呼吸窘迫综合征等。

工业知识小链接——室内氨污染的由来

建筑施工中使用的混凝土外加剂是室内氨污染的主要来源。混凝土外加剂包括冬期施工过程中，在混凝土墙体中加入的混凝土防冻剂，以及为了提高混凝土的凝固速度而使用的高碱混凝土膨胀剂和早强剂。

正常情况下，混凝土外加剂不会污染室内空气。但如果住宅楼在施工过程中，大量地使用高碱混凝土膨胀剂和含尿素的混凝土防冻剂，随着温湿度等环境因素的变化，这些含有大量氨类物质的外加剂会被还原成氨气从墙体中缓慢释放出来，从而造成室内空气中氨气的浓度不断增高。

(四)氡

氡是一种无色无味的惰性气体。氡元素的原子序数为86，是相对原子质量最大的气体元素。室内装修材料有害物质中的放射性物质主要是氡。一般来说，建筑材料是室内氡的主要来源，如天然石材、瓷砖及石膏等。氡通常吸附在空气中的尘粒上和吸烟产生的烟雾上。人体的肺部吸入氡后，氡会牢牢黏附在肺叶及气管上，并在衰变过程中释放出α粒子，从而造成肺细胞损伤。可以这样理解，进入肺的氡如同一颗颗小型“能量炸弹”，能损坏肺组织，甚至引发肺癌变。

生活知识小链接——室内放射性污染物氡的防治措施

降低室内放射性污染物氡的浓度一般可以从以下几个方面进行。

(1)选择氡含量低的装修材料。我国天然石材中氡的含量大致按红色、肉色、灰色、白色、黑色的顺序依次递减，人们在装修时可参考这一规律选择合适的石材。

(2)敞开门窗，增加室内通风。室内通风是方便且有效地降低氡含量的措施之一。

(3)注重室内绿化。选择合适的绿色植物既能美化环境，又能改善环境。

思考与讨论

1．简述建筑材料的发展史。

2．了解室内装修材料污染的来源。

3．试举例说明几种污染物的性质及危害，并说明如何进行防治。

4．简述如何进行绿色装修。

第四章　化学与出行

当今社会，人们出行与交通工具紧密相连，随着社会的发展和科技的进步，过去出行全靠走的生活已经不复存在了。人们制造了各种交通工具，大大缩短了出行的时间。目前，国内人们出行的交通工具有电动自行车、汽车、高铁及飞机等。

从交通工具的动力来源来看，汽车及飞机主要以汽油、煤油为燃料，而汽油主要来自石油的精炼；高铁利用电力牵引；我们常见的电动自行车、电动汽车则由化学电池提供动力，其主要反应原理是氧化还原反应。

从制造交通工具所需的材料来看，车身所用的金属、轮胎所用的橡胶、其他部件所用的玻璃、塑料、喷漆等都离不开化学，大都需要通过一系列的化学反应制得。随着社会经济和现代科技的不断发展，人们对生活品质的要求也越来越高，各类更轻便、更坚硬、性能更好的合金材料应运而生，而这些材料也要通过化学反应来实现。所以，化学与我们的出行是息息相关的。

第一节　出行工具及能源的演变

一、古代的车、船

我国古代的交通工具主要是车和船，出土的新石器时期的文物证实那时的人们就已经学会了制作车、船等交通工具。随着科技的不断发展，车、船的制造技术也不断进步，衍生出更多的功能。

车是古代最基本的交通工具，有生活用的乘车、劳作用的田车和军用的军车之别，主要是靠牛、马等畜力牵引，而畜力代替人力作为动力是人类发展史上的一大进步。我国造车的历史悠久，根据文献记载，夏代时车战成为一种作战形式，战车的数量也成为衡量国家强弱的一个标准。到了西周时期，人们制造的车更加精致，将铜器应用到车的制造中，如为了防止车轮脱出，在车的轴头处加上铜辖。铜辖也属于青铜器一类，而青铜的冶炼是一种重要的化学反应。随着青铜器冶炼技术的不断发展，商朝时期青铜构件被应用于车体的各个关键部位以增加车身的牢固程度，战国时期出现的铁器冶炼技术更是直接被应用于制作铁圈来包裹战车的穿毂以降低其损耗，之后金属冶炼与锻造技术被广泛应用于各类功能不同的车辆，可以说古代车辆是紧紧跟随化学的发展而发展的。

船的制造及使用在我国有着非常悠久的历史，考古证明，至少在一千八百年前，中国便已经能够制造木筏、竹筏和独木舟，此时人们的活动范围就不再局限于陆地，而是扩展到了水上。夏、商、周时期，木板船的出现是造船史上的一次划时代的飞跃，木板船的出现与金属的冶炼息息相关，可以说正是由于金属的使用使得船由原来的独木舟、筏发展到木板船，使船的制造摆脱了木材的限制，可以用同样长短的木料造出比独木舟容量大数倍的舟船，这为后来人们探索海上领域提供了可靠、安全的交通工具。金属的冶炼依据的是重要的化学反应，在明清时期，海船上配备的火枪、火炮等也都是化学物品，因此古代船只的发展史也是与化学分不开的。作为古代交通的另一个主要工具，船发挥着巨大的作用，我国古代的造船技术一直领先于世界的其他国家，也正是因为先进的造船技术，我国得以建立了著名的“海上丝绸之路”。

二、蒸汽机的出现

(一)蒸汽机车的发展

18 世纪初，纽科门及其合伙人开始共同研制蒸汽机，并于 1712 年首次制成了可供使用的大气式蒸汽机，但是这种蒸汽机的工作效率很低。1763—1765 年，瓦特对蒸汽机进行了改良，大大提高了机器运转的效率。1776 年瓦特与博尔顿合作，制造出了真正意义上的蒸汽机，直接推动了第一次工业革命，由此世界进入“蒸汽时代”。1804 年，脱威迪克在居纽汽车的基础上设计并制造出了一辆蒸汽汽车。在此之后，人们的出行方式发生了翻天覆地的变化，从此世界步入了以机械动力大规模代替人力和畜力的时代。

历史知识小链接——开向历史的蒸汽机车

1952 年 7 月，四方机车车辆厂仿制成功我国第一辆解放型蒸汽机车，从而结束了中国不能制造机车的历史。1988 年 12 月，大同机车厂生产的最后一辆“前进”型机车，结束了我国干线蒸汽机车的制造史。在这 36 年间，中国制造了各种型号的蒸汽机车，共计 9 689 辆。这些蒸汽机车奔驰在祖国的万里铁道线上，为我国的铁路运输做出了巨大贡献。

(二)煤炭燃料

最初的蒸汽汽车是利用煤炭烧水时产生的蒸汽推动活塞驱动汽车运行的，煤炭的燃烧本身就是化学反应。由此可见，汽车从出现伊始就是与化学分不开的。随着蒸汽机的不断改良，蒸汽机逐渐发展成了铁道车辆使用的外燃动力源，铁路交通也迅速发展起来，极大地扩大了人们的活动范围，减少了出行所需要的时间。

蒸汽机最初的燃料——煤炭是由远古时代的植物经过长期、复杂的变化而形成的固体可燃物。煤炭的主要化学成分为碳、氢、氧、硫等元素，碳、氢、氧三种元素的质量分数总和约占有机质的 95%。煤炭燃料在直接燃烧的过程中会产生二氧化硫和二氧化碳等气体，这些气体若大量地直接排放到大气中，不仅严重污染环境，还会形成酸雨，破坏水源和植被。

起初人们并没有发现环境的污染和植被的破坏与煤炭燃烧有关，后来经过科学家们的研究才意识到这一点。此后，世界各国都对煤炭燃料的使用制定了一系列措施，环境慢慢地得到了改善。

蒸汽机车的缺点是其十分笨重、能源利用率低且行驶速度慢，随着社会的发展，慢慢地被淘汰了。

三、以石油为动力的内燃机的出现

(一) 内燃机的发展

汽车的发展是一个漫长的过程。一开始是以煤炭燃烧为动力的蒸汽汽车，但是蒸汽汽车的效率低，且车载燃料的储存量有限，车辆的操控也很不方便，因此以蒸汽为动力的汽车并没有得到广泛的应用。之后，人们在此基础上进行了不断探索与改进，1800 年，艾提力·雷诺制造出了燃料在发动机内部燃烧的热机——内燃机。1876 年，康特·尼古扎·奥托发明了具有进气、压缩、做功、排气四个冲程的发动机，该发明为汽车的发明奠定了基础，四冲程循环也被称为奥托循环。内燃机作为一种新的动力机械掀起了新的技术革命的高潮。

1883 年，德国的发明家戴姆勒成功研制了以汽油为燃料的内燃机，此后随着汽车行业的不断发展和壮大，对于汽油的消耗需求也在不断地加大。汽油的主要来源是石油，一般通过提炼石油获得。石油提炼汽油的主要方法是催化裂化法，即在催化剂的作用下进行石油的裂化反应，这种方法不仅可以在较低温度下、较短时间内完成裂化反应，还可以大大提高生产效率和质量。汽油的提炼与汽油在内燃机中的消耗过程都是化学变化，由此可见，现代出行与化学密不可分。

历史知识小链接——汽油机的发展史

20 世纪初期，人们主要考虑的是交通运输问题，汽油机的主要研究方向是提高功率和比功率。在此期间，内燃机的转速、气缸数及比功率均有所提高。

20 世纪 20 年代后，人们主要解决的是汽油机的爆震问题。具体做法是向汽油中加入一定量的四乙基铅，干扰氧和汽油烃分子的化合过程，从而减小爆震的倾向，提高了汽油机的功率和燃烧热效率。

20 世纪 30 年代至 20 世纪 40 年代，人们主要考虑的是提高汽油机的功率和燃烧热效率。此时，利用排气压力压缩进气的涡轮增压器的问世，很大程度上提高了汽油机的功率和燃烧热效率。

20 世纪中期至今，耐压材料和生产技术的发展，使内燃机的结构更加紧凑，转速范围更大。

（二）内燃机的应用

1886 年，德国人卡尔·奔驰将一台四循环的内燃机安装在一辆三轮车后边的车架上。这辆三轮车采用单缸四冲程汽油机，是现代汽车的雏形。次年，戈特利布·戴姆勒把自己研制的汽油发动机安装在四轮马车上，由此诞生了人类历史上第一辆四轮汽车。20 世纪 20 年代，全球汽车产业进入了蓬勃发展时期。

汽车作为当今社会最常见的交通工具，经过 100 多年的发展，制造技术不断提高，发动机结构不断完善，使得汽车的油耗和对大气的污染程度逐渐降低。与此同时，人们也开始追求外形多样化与色彩多样化，如有马型车、箱型车、甲壳虫型车及楔型车等，当然车辆所用的金属与涂料等也都是化学变化的产物。

飞机也是当代人们出行必不可少的交通工具。对于跨国旅游或者距离比较远的旅程，飞机一般是人们出行的首选。现代飞机的安全性较高、速度较快、舒适性也较好，但是飞机的发展要比汽车的发展迟得多。直到 1903 年的冬天，美国莱特兄弟在经过多年对风筝、滑翔机等坚持不懈地研究和实验后，第一架结构单薄、样子奇特的双翼飞机——“飞行者一号” 终于试飞成功，这是人类历史上第一架能自由飞行并且可以自己操控的动力飞机，从此，人类离飞天梦又近了一步。1969 年 2 月，乔萨特设计的波音 747 试飞成功，开创了宽体喷气客机的时代。从此以后，飞机成为了不可或缺的交通工具。飞机所使用的动力燃料一般为汽油、煤油等化石燃料。

人们也把内燃机应用于另一个应用广泛的运输和交通工具——轮船，并经过不断地探索与研究，发展得越来越好。

（三）石油资源

历史知识小链接——石油的历史

我国在三千多年前就已发现并使用石油。石油最早记录于《易经》：“泽中有火”，是指石油蒸气在湖泊池沼水面上起火的现象。南朝范晔所著的《后汉书·郡国志》中记载了石油的采集和利用。此书载有：“县南有山，石出泉水，大如，燃之极明，不可食。县人谓之石漆”。“石漆”即指石油。晋代张华所著的《博物志》中提到甘肃玉门一带有“石漆”可以作为润滑油“膏车”。上述记载表明，我国古代人民对石油的性状有一定的认识，并进行了采集和利用。

最早给石油命名的是我国宋代著名科学家沈括。他在《梦溪笔谈》中把石漆、石脂水、火油、猛火油等名称统一命名为石油，并对此作了论述：“延境内有石油……予疑其烟可用，试扫其煤以为墨，黑光如漆，松墨不及也。”

明朝科学家宋应星所著的《天工开物》，对石油的化学知识和开采工艺作了全面的总结和系统的叙述。

19 世纪中后期，石油资源的发现，开拓了能源利用的新时代。石油在国民经济中的地位和作用是十分重要的，被人们誉为“黑色的金子”“工业的血液”等。石油是现代文明的命脉，是国家综合国力的重要组成部分。

石油是从地下开采出的可燃性液体，是当今世界上存量有限的且不可再生的宝贵能源。目前人们普遍认为石油是远古时代埋藏在地下的动、植物经过数亿万年复杂的变化形成的。石油的主要成分是碳、氢两种元素，此外还有少量氧、氮、磷等元素，成分与煤炭相似，但是石油的含氢量更高，氮和硫的含量却都比煤炭低，因此，石油相较于煤炭，其污染性较低，且燃烧时的发热量更大。

石油的组成很复杂，各种组分的性质和用途都不相同，所以石油需要进行一定的加工再使用。例如，我们可以根据石油中各组分的沸点不同进行分馏，分馏产物包括轻油和重油。轻油包括溶剂油、汽油、煤油、柴油等，重油包括润滑油、凡士林、石蜡、沥青、渣油等。

汽油一般作为汽车和飞机的燃料，柴油则一般作为重型卡车、拖拉机、轮船的燃料。汽油是石油提取物中需求量最大的，然而在常压蒸馏出来的产品中，轻质油很少并且其质量也达不到使用的要求。为了增加以汽油为主的轻质油品，常常采用裂化法加工石油，主要有热裂化、催化裂化、加氢裂化等。

人们经常说的 92 号、95 号、98 号等不同牌号的汽油是根据什么标准来区分的呢？事实上，汽油的使用性能主要包括抗爆性和安定性。抗爆性指汽油在发动机的气缸中燃烧时抵抗爆炸的能力，可以用辛烷值来表示，它是抗爆性的度量单位；安定性则指汽油在常温和液相条件下抵抗氧化的能力。汽油的牌号越大，表示汽油的抗爆性越好，质量也越高。

四、清洁能源时代

（一）自行车

每一项新事物的出现都要经过长期的发展与改进才能以较完善的形式展现在我们眼前，自行车也不例外。1817 年，德国人德莱斯发明了能够保持平衡的两轮车，称为德莱斯自行车，之后，后人在他设计的基础上进行了一系列改造。直至 1891 年，米其林兄弟设计出了易于拆装的外胎，自行车才趋于完善。我们一般把 1891 年看作现代自行车的诞生年。在 20 世纪初的法国，自行车成功地代替了当时流行的马匹，它不但价格比马匹便宜，而且不需要经常打理，最重要的一点就是它几乎不会带来环境污染，所以自行车的出现成了现代进步的一个基本标志。自行车“热潮”也从此开始。

自行车的制造与化学息息相关，一辆好的自行车不仅要求其外观精致，还要求其耐磨损程度高，链条的拉断力强。想要制造一辆自行车，化学技术是必不可少的，从材料的获取上，想要提高自行车的耐磨损能力要做到“粗粮细做”，选择普通的碳钢，并利用渗碳或者是碳氮共渗工艺达到自行车上的零件表面硬而耐磨、内部强而韧的目的。不论是钢的获得还是渗碳工艺都属于化学领域的研究内容。

曾经一段时间，自行车仿佛是每个家庭都应该拥有的物品。直到20世纪初，汽车出行日趋流行，有了汽车就可以去更远的地方，也可以更省力、更省时，还可以免于恶劣天气的限制，因此汽车也就成了时代进步的新标志，所以人们渐渐地抛弃了自行车而更多地选择购买、使用汽车。自行车的“热潮”随之退去。

汽车消费日趋普遍化、年轻化也带来了很多问题，主要是以石油燃烧为动力来源的汽车出行方式带来很大的环境污染问题。全球面临的能源危机，也使得汽油的价格飙升，增加了家庭的财政支出。能源短缺、环境污染等问题让自行车重获新生，并且以更加符合低碳出行理念的共享单车的身份重新回到我们的生活中，不仅方便了人们的短程出行，也更加环保。

（二）电动自行车

电动自行车出现于20世纪90年代。最初的设计是保留普通自行车的原有结构，增加电池和电动机，并通过转换开关，实现电驱动骑行功能。20世纪90年代后期至21世纪初期，人们将电池、电动机和控制器等电气部件与车架更好地结合在一起，以提升出行的舒适度。现如今，电动自行车已经被大众所接受，大街小巷都少不了它的身影。据权威部门统计，我国电动自行车保有量已超3亿辆。相较于普通的自行车，电动自行车有很多优点：节省人力；可以快速发动；便于较长距离行驶，且易于驾驶等。电动自行车在给民众提供便利、提升通勤效率的同时，也带来了一定的安全隐患，甚至发生了一些安全事故，如因充电引起的火灾事故，造成了人们的生命财产损失。

一般来说，电动自行车使用的电池分为锂离子电池和铅蓄电池两种。其中，安装锂离子电池的电动自行车轻便，电池寿命长，续航里程也比较长，适合时间长、路途比较远的日常出行。安装铅蓄电池的电动自行车比较沉，电池寿命相对较短，但购车成本和维修成本比较低。另外，铅蓄电池技术相对比较成熟，产品性能比较稳定。

化学知识小链接——铅蓄电池和锂电池的工作原理

铅蓄电池工作时发生的氧化还原反应如下。

放电时的正极：$PbO_2 + SO_4^{2-} + 4H^+ + 2e^- = PbSO_4 + 2H_2O$

放电时的负极：$Pb + SO_4^{2-} = PbSO_4 + 2e^-$

总反应式：

$$Pb + PbO_2 + 2H_2SO_4 \underset{\text{充电}}{\overset{\text{放电}}{\rightleftharpoons}} 2PbSO_4 + 2H_2O$$

锂离子电池工作时发生的氧化还原反应如下。

充电时的正极：$LiCoO_2 = Li_{(1-x)}CoO_2 + xLi^+ + xe^-$

充电时的负极：$6C + xLi^+ + xe^- = Li_xC_6$

总反应式：

$$LiCoO_2 + 6C \underset{\text{放电}}{\overset{\text{充电}}{\rightleftharpoons}} Li_{(1-x)}CoO_2 + Li_xC_6$$

（三）电动汽车

在汽车发展历史中，电动汽车经历了三次发展机遇。1859 年，法国著名物理学家普兰特（Plante）发明了第一块铅蓄电池，为后来电动汽车的实用化创造了条件。世界上第一辆电动汽车发明于 1834 年，比世界上第一辆燃油汽车的出现（1886 年）早了近半个世纪，只是这种电动汽车并没有得到广泛的应用，原因是其采用干电池作为电源，直流电动机作为驱动电机，导致实用性比较低。20 世纪 70 年代，全球能源危机使得电动汽车重新得到重视。许多发达国家开始大力发展电动汽车，但是暂时的危机过去之后，电动汽车又开始被“冷落”。当内燃机汽车对人类的生存环境造成严重影响时，清洁与环保能源成为热门话题，电动汽车也随之进入了快速发展时期。现在的电动汽车的电源主要有蓄电池、燃料电池及混合动力三种。

（1）蓄电池电动汽车：常用的电池主要有铅蓄电池、镍氢电池、锂离子电池三种。①铅蓄电池是目前最为成熟的电池，其成本相对较低，但铅矿资源有限、污染大等都制约着铅蓄电池的发展。②镍氢电池具有高比能量、高比功率、质量轻、体积小等优点，但其不耐高温、内阻较大、成本较高等问题阻碍了镍氢电池的进一步发展。③锂离子电池的高比能量、高比功率、长循环寿命等优点使得它的市场占有率逐年升高，但锂离子电池也存在安全性不佳和价格较高等问题。

（2）燃料电池电动汽车：燃料电池能不断输入燃料和空气，并通过化学反应产生电能，是一种电化学装置。常见的燃料电池有碱性燃料电池（AFC）、质子交换膜燃料电池（PEMFC）、熔融碳酸盐燃料电池（MCFC）、磷酸燃料电池（PAFC）、固体氧化物燃料电池（SOFC）等。当前，我国关于燃料电池汽车的研究较为成熟，在未来的发展中，燃料电池电动汽车的发展前景较好。

燃料电池具有发电效率高、环境污染小、噪声低、燃料使用范围广（可以选择各种气态化石燃料，如天然气等和液态化石燃料，如柴油等）、可靠性高等优点，当然它也存在很大的缺点，主要是因为它的制造成本与技术门槛较高，因此目前的应用范围还比较有限。

（3）混合动力汽车：混合动力汽车（简称 HEV）是指同时配有电力驱动系统和辅助动力单元的电动汽车。混合动力汽车的动力来源有两种或两种以上，属于既有内燃机又有电动机驱动的车辆。燃料电池-蓄电池混合动力系统改善了燃料电池电动汽车的动力性和经济性。混合动力电动汽车具有高性能、低污染的特点，在技术、环境及成本等方面具有一定的优势。根据内燃机和电动机的能量流动方式，可将混合动力电动汽车分为三类：串联式混合动力汽车（简称 SHEV），并联式混合动力汽车（简称 PHEV），混联式混合动力电动汽车（简称 CHEV）。

工业知识小链接——太阳能电池技术

太阳能电池是太阳能汽车的核心装置与技术。汽车上只有安装了太阳能电池才能充分利用太阳能，并使之作为汽车的驱动力，保证汽车的正常行驶。

太阳能电池的功能：最大可能地吸收太阳光；高效率转化太阳能；将太阳能转化为电能，驱动汽车行驶。

太阳能电池驱动汽车分为三种形式：一是直接驱动，太阳能电池获取太阳能后，直接通过相关的控制设备将能量传递到电动机上，通过电动机推动传动系统驱动汽车正常行驶；二是间接驱动，太阳能电池接收太阳能后将其转化为电能，电源通过控制器将电能存储在蓄电池中，在汽车发动时将电能传输到控制器中，并推动电动机运转，从而驱动汽车；三是混合驱动，混合驱动结合了直接驱动和间接驱动两种形式。

第二节　材料的演变

出行使用的交通工具与化学息息相关的地方还体现在材料上。随着汽车技术的发展，汽车的功能日益完善，汽车的结构越来越复杂，传统的汽车通常由几千个零部件组成，有的高级汽车由几万个零部件组成。为满足汽车节能、环保、安全、舒适的要求，实现轻量化、高强度、高性能的目标，制造汽车的材料也发生了巨大的变化。

一、金属材料在交通工具上的应用

(一)钢材

1770年，法国的居纽制造了世界上第一辆三轮蒸汽机车，但是其框架使用的材料是木板，轮廓跟马车相似。大约在20世纪初，钢和铝开始用于车身制造。1908年，福特T型车的推出使钢车身汽车开始进入大批量生产时代。早期汽车使用的是低碳钢，优点是强度高、可成型、成本较低等。直到20世纪70年代，汽车制造厂才开始使用高强度钢，用以减轻汽车质量，满足燃油经济性。

现代汽车使用多种类型的钢材：①低碳钢和高强度钢(HSS)；②第一代先进高强度钢(AHSS)；③第二代先进高强度钢。低碳钢是指碳的质量分数小于或等于0.13%的钢，常用于汽车车身板件和结构件。第一代先进高强度钢是较宽范围等级的钢。汽车上应用较多的是双相钢，其抗拉强度和加工硬化率较高。第二代先进高强度钢，既有非常高的抗拉强度，又有良好的塑性。

如今，燃料的经济性、安全性和排放越来越重要，而生产高效能的汽车正成为工程师的设计目标，因此汽车材料也成为工程师的重点关注对象。例如，保险杠的设计要求是防止其变形，通常选择高强度钢，如双相钢和马氏体钢；发动机室纵梁的功能是吸收能量并减少能量传递，通常选用传统的高强度钢，如碳-锰合金钢，或吸能性更好的双相钢。

(二)铝及其合金

铝是汽车应用的第二大金属材料，仅次于钢。铝的密度较小，强度较高，散热性好，具有极好的塑性，抗变形能力差，因此很容易做各种类型的工件，如制成板、箔、管、棒、线、丝等。纯铝的强度较低，但是在加入其他元素加工成铝合金后，其强度可达到普通结构钢的水平，所以目前应用范围较广。铝及铝合金的表面容易生成一层致密的氧化膜，化学方程式为 $4Al+3O_2 = 2Al_2O_3$。氧化铝的熔点较高，强度较高，耐火度高，最重要的一点是它有很好的化学稳定性，不易遭到破坏，有很好的耐腐蚀性。基于以上优点，铝及其合金在汽车中得到了广泛的应用。

汽车用铝合金主要包括变形铝合金和铸造铝合金。其中铸造铝合金占汽车用铝量的80%，主要用于发动机缸体、缸盖、飞轮壳等；变形铝合金主要用于制造车身覆盖件。此外，粉末冶金铝合金也是汽车中常用的铝合金。

（三）镁及镁合金

镁是继铝之后有希望使汽车大幅度减轻质量的第二种轻质材料。镁及其合金的密度比钢和铝都低，主要用来制造汽车机械的零部件，以减轻部件质量，提高汽车性能。尽管从 20 世纪 30 年代起镁合金就开始在汽车上应用，但是到目前为止其应用仍然十分有限，主要是因为镁合金易氧化、燃烧，成型较困难，强度与塑性、耐腐蚀性均较差，难以满足汽车的应用要求。

二、陶瓷材料在交通工具上的应用

陶瓷是以陶土和瓷土的混合物为原料，经过成型、干燥、焙烧等工艺方法制成的材料。传统陶瓷的主要成分是硅酸盐。先进陶瓷主要包括结构陶瓷和功能陶瓷两部分。先进陶瓷包含透明的氧化铝陶瓷和高熔点的氮化硅陶瓷，是传统陶瓷的延伸和发展。特别适合在高温下使用的陶瓷叫高温结构陶瓷，包括氮化硅（Si_3N_4）陶瓷、碳化硅（SiC）陶瓷和氧化铝陶瓷等。例如，氮化硅陶瓷硬度高，具有润滑、耐磨损、抗腐蚀和抗氧化等优点，还能抵抗冷热冲击，常用于制造轴承、汽轮机叶片、机械密封环等。先进陶瓷与传统陶瓷的区别是力学、磁学、电学等性能更优良，被广泛应用于国民经济的各个领域。目前氮化硅陶瓷还用于火箭、导弹的喷管喉头和端口等。

功能陶瓷是先进陶瓷最主要的组成部分，分为铁电压电陶瓷、半导体陶瓷、微波介质陶瓷等。铁电压电陶瓷具有独特光学、电学和光电子学性能，广泛应用于信息存储、传感器、通信及军事领域。半导体陶瓷是传感器技术及敏感元器件的关键材料，分为热敏电阻器、压敏电阻器、半导体陶瓷电容器、湿度传感器和气体传感器等。热敏电阻器包括 $MnO\text{-}NiO\text{-}O_2$、$MnO\text{-}CoO\text{-}O_2$ 等二元金属氧化物，Mn-Cu-Co、Mn-Cu-Ni 等含 Mn 的三元金属氧化物，广泛用于控温、测温、稳压、遥控等领域。微波介质陶瓷用于制造滤波器、介质天线等设备，在现代通信设备中发挥了重要作用。

三、橡胶材料在交通工具上的应用

天然橡胶的主要来源是三叶橡胶树，其是一种以聚异戊二烯为主要成分（占橡胶树表皮乳胶成分的 91%）的高分子化合物。天然橡胶的回弹性、绝缘性和可塑性较好，是交通工具中必不可少的一种材料，无论是在自行车、汽车还是飞机上使用的轮胎都是以橡胶为原料加工而成的。

随着各类交通工具数量的不断增多，对橡胶的需求量也在不断增加，然而天然橡胶无法满足生产需求，所以需要通过各种易得的化工原料来制造合成橡胶。合成橡胶具有天然橡胶的基本特性和其他所需特性。最早的合成橡胶是由丁二烯聚合而成的丁钠橡胶，后来人们又合成出了顺丁橡胶、异戊橡胶、丁苯橡胶、乙丙橡胶等。还有一种既具备通用橡胶的特点，又具有特殊性能的橡胶，称之为特种橡胶。现代运用在轮胎上的橡胶，如丁腈橡胶就是特种橡胶。这类橡胶具有良好的耐磨性、耐水性、气密性及黏结性能，已经被广泛用于汽车、航空等行业。

工业知识小链接——阻燃橡胶用于舰船阻燃材料

橡胶与阻燃材料，如碳酸钙、陶土(或阻燃剂，如氯化石蜡)等混合后可加工成阻燃橡胶。①阻燃橡胶可用于制作舰船灭火救援设备，如灭火用防护服，防护鞋。②阻燃橡胶可以制作耐高温、耐燃烧的输水胶管和输送气体的胶管等。一旦发生火情，人们就能得到充足的时间灭火，并将火情舱室内有害气体经过胶管排到室外。③阻燃橡胶可以设计阻燃板或保护罩，直接布置在易发生火情的舱室中。如果发生火情，则阻燃板或保护罩可以有效控制火势蔓延，从而将火情控制在一定的狭小范围内。

思考与讨论

1．燃料电池的优缺点分别是什么？

2．简述汽车的发展过程及其动力来源，并说说各种动力来源可能会对环境造成什么影响。

3．汽车用的材料有哪些？

第五章　化学与药物

药物是用于预防、诊断和治疗疾病的物质，无论是天然药物(植物药、抗生素、生化药物)、合成药物，还是基因工程药物，就其化学本质而言都是由一些化学元素(如碳、氢、氧、氮、硫等)组成的化学物质。这些特殊的化学物质在保持身体健康、提高生活质量方面发挥了极其重要的作用。

第一节　天然药物

一、植物药

上古时期，人们在从大自然中寻找食物的过程中发现不同的植物有不同功效。例如：有些植物可以充饥，有些植物能够止血，有些植物能够止痛，有些植物可以治疗腹泻，有些植物有清热解毒的功效……所谓的“神农尝百草”“药食同源”就是那个时期的真实写照。

经过几千年的摸索与实践，人们已经发现并使用了成百上千的天然植物药，其治疗疾病的范围也在逐步扩大。

(一)金鸡纳树皮与奎宁

17 世纪，人们发现金鸡纳树皮可以治疗疟疾，后来经过研究，从这种树皮中提取出了一种叫作奎宁的生物碱，其分子结构如图 5-1 所示，并证实了奎宁确实具有杀灭疟原虫的作用，可以用来控制疟疾。

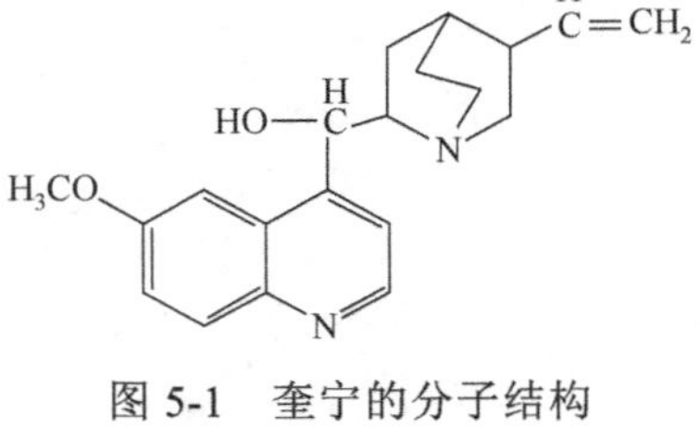

图 5-1　奎宁的分子结构

历史知识小链接——奎宁的发现

约 400 多年前，西班牙驻秘鲁总督的夫人安娜(Ana Chinchón)不幸染上了疟疾，这时一位印第安姑娘冒着生命危险给安娜送去了金鸡纳树皮制成的粉末，安娜服用后，转危为安。后来，一位西班牙传教士将金鸡纳树皮取名为 cincnona。1742 年，瑞典植物学家卡尔·林奈(Carl Linnaeus)以总督夫人的名字正式命名这种树为金鸡纳树(cinchona)。后来据专家考证，林奈先生在命名过程中拼写错误，漏写了“h”。

科学研究表明，金鸡纳树的树皮、根、枝条及枝干中含有 25 种以上的生物碱，其中树皮中的生物碱含量最高(干树皮中含有 7%～10%的生物碱，其中 70%是奎宁)。1817 年，法国药剂师卡文图(Caventou)和佩尔蒂埃(Pelletier)合作，从金鸡纳树皮中分离得到了奎宁单体，并尝试用其治疗疟疾。后来证实存在于金鸡纳树皮中抗疟疾的有效成分就是奎宁。19 世纪末，奎宁(也称为金鸡纳霜)由欧洲传入我国，在当时是罕见的药物。

(二)青蒿与青蒿素

青蒿素的分子结构如图 5-2 所示，它是我国药物化学家屠呦呦从中草药青蒿(或称为黄花蒿)中提取出来的一种新型抗疟药。该药物可以高效作用于那些已经对奎宁、氯喹等传统药物产生抗药性的恶性疟原虫引起的感染，是目前临床使用的各种抗疟药中起效最快的一种。为了提高青蒿素的疗效并降低其副作用，屠呦呦课题组将青蒿素结构中的一个羰基还原得到了双氢青蒿素，其分子结构如图 5-3 所示，后者的抗疟活性比青蒿素强一倍。青蒿素在临床上的应用挽救了成千上万人的生命，2015 年屠呦呦被授予诺贝尔生理学或医学奖，以表彰她为人类健康所做的贡献。

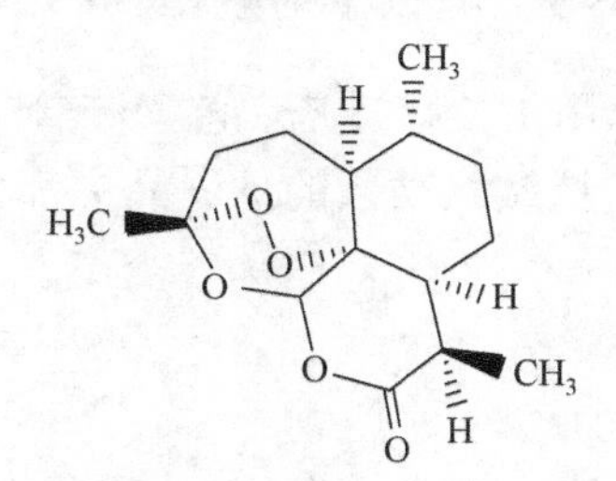

图 5-2　青蒿素的分子结构

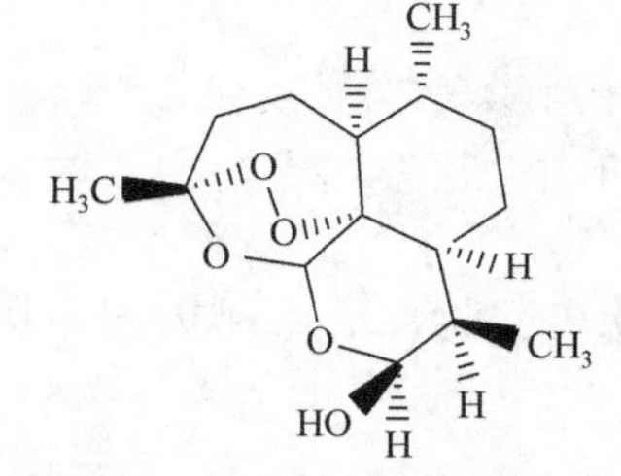

图 5-3　双氢青蒿素的分子结构

医疗知识小链接——屠呦呦与青蒿素的发现

越南战争期间，交战双方因疟疾造成部队非战斗性减员。越南政府请求中国支援新型抗疟药。1967 年 5 月，中国有关部门决定成立全国疟疾防治药物研究工作协作领导小组，将新抗疟药研发列为绝密军工项目(代称“523 项目”)。

1969 年初，屠呦呦所在团队加入“523 项目”中医中药组，屠呦呦出任北京地区“中草药专业协作组”组长，开始探索从中医药中发掘抗疟新药。屠呦呦将筛选焦点锁定于青蒿，并从葛洪《肘后备急方 · 卷三 · 治寒热诸疟方第十六》验方“青蒿一握，以水二升渍，绞取汁，尽服之”中领悟到高温加热可能会破坏青蒿中的抗疟有效成分。1971 年 10 月，屠呦呦小组采用低沸点溶剂乙醚作为萃取剂，得到青蒿乙醚中性提取物——醚中干(青蒿素的雏形)，并顺利解决了青蒿提取物中的毒副作用问题。

1972 年 11 月 8 日（青蒿素诞生日），屠呦呦小组成员钟裕蓉采用乙醚–石油醚（后改进为乙酸乙酯–石油醚）浸提法，经离子交换柱层析技术分离提纯出“青蒿素Ⅱ”（未见“青蒿素Ⅰ”存在），这是青蒿素发现史上的里程碑事件。在屠呦呦的领导下，1973 年 9～10 月，最先经临床试验初步证实“青蒿素Ⅱ”对疟疾患者具有明显疗效。

（三）柳树皮和水杨酸

早在 2000 多年前，人类就发现柳树的根、皮、枝、叶均可以入药，有清热解毒的功效，我国的《神农本草经》对此有较为详细的记载。同时，古埃及人也知道柳树叶子可以止痛，古希腊人也曾将柳树皮磨成粉服用。

柳叶和柳树皮中究竟含有什么特殊的物质呢？1838 年，科学家在柳树皮中找到了水杨酸，其分子结构如图 5-4 所示，证明它能杀菌、消炎、止痛。但是水杨酸作为药物服用会对胃肠道产生强烈的刺激作用，甚至会导致胃溃疡或胃出血，现在临床上使用的主要是水杨酸的乙酰化物——阿司匹林，其分子结构如图 5-5 所示。

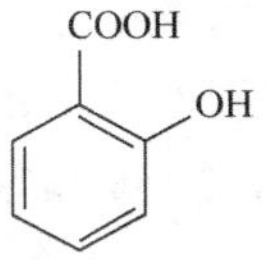

图 5-4　水杨酸的分子结构

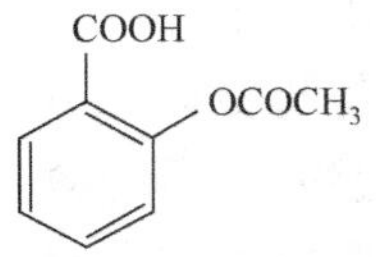

图 5-5　阿司匹林的分子结构

水杨酸在医学美容领域有着广泛应用，它可以用来治疗痤疮、色素沉着，还可以抗皮肤光老化。目前，很多具有美白、祛痘、去角质、抗皱纹功效的护肤品中都含有水杨酸。

趣味小实验——从柳树皮中提取水杨酸

实验用品：

原料：柳树皮，双氧水，去离子水。

仪器：小刀、烧杯、酒精灯、石棉网、布氏漏斗、抽滤瓶、水泵。

实验步骤：

1. 将柳树皮反复用清水冲洗，去除树皮表面的灰尘等杂质，先用双氧水浸泡消毒，再用去离子水反复冲洗。
2. 用刀将树皮切成小块放入烧杯，加入去离子水将树皮浸没，煮沸 30 min，趁热过滤，去除树皮。
3. 滤液继续煮沸，当溶液底部出现白色晶体时停止加热。
4. 将溶液置于冷水中冷却，使晶体充分析出，过滤、晾干，即得到水杨酸粗品。

（四）古柯树叶与可卡因

早在 5000 多年前，古印第安人就采摘古柯树叶进行充饥，后来他们发现食用古柯树叶后能够使人精力充沛、精神振奋。于是，古柯树叶就成了他们获取力量的“秘密武器”。但是古柯树叶味道苦涩，经过长时间的摸索，他们将草木灰和石灰(碱性物质的加入可以消除树叶的苦涩味)掺入古柯叶，然后放入嘴里咀嚼。这样既能帮他们解除疲劳、减轻疼痛，还能增强抵御恶劣自然环境、耐饥饿的应激能力。

古柯树叶为什么具有如此神奇的力量呢？其中究竟含有什么化学成分？

19 世纪古柯树叶传入欧洲，科学家从中分离出一种生物碱——可卡因，其分子结构如图 5-6 所示。经研究发现，可卡因有局部麻醉作用，可用于眼科手术。很快，可卡因便成为风靡欧洲和美国的麻醉药物。

可卡因具有非常严重的成瘾性，现在临床上已不再将其作为药物使用。但科学家通过对可卡因的化学结构进行改造，得到了很多优秀的局部麻醉药，如普鲁卡因(其分子结构见图 5-7)、罗哌卡因、卡比佐卡因等。

图 5-6 可卡因的分子结构

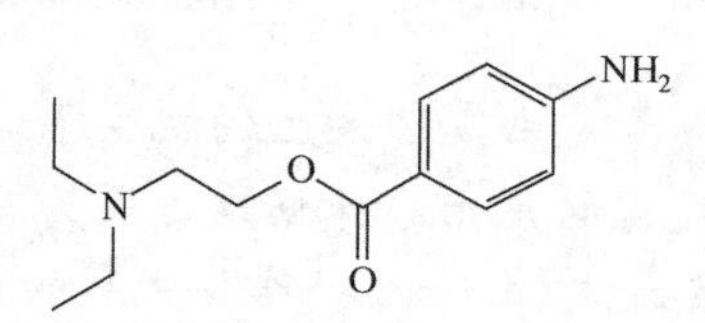

图 5-7 普鲁卡因的分子结构

二、抗生素

很早以前，人类就知道用发霉的豆腐来治疗疮疖，用发霉的面包来治疗化脓的伤口。发霉的食物为何具有如此神奇的疗效？

微生物学家研究发现，食物上的霉点是霉菌聚集在一起形成的菌落。这些霉菌在生长繁殖过程中可以产生一些特殊的物质，这些物质可以抑制其他微生物的生长，甚至可以将那些微生物杀死。我们将微生物在生长繁殖过程中产生的能够抑制或杀死其他微生物的这类物质叫作抗生素。

(一)青霉菌产生的抗生素

1929 年，英国科学家弗莱明(Alexander Fleming)发现青霉菌可以产生一种能够杀死葡萄球菌的物质，并将其命名为青霉素，其分子结构如图 5-8 所示。9 年后，另外两名科学家弗洛瑞(Howard Florey)和钱恩(Ernst Chain)对青霉菌的培养及青霉素的分离、提纯展开了系统研究，找到了批量生产青霉素的方法。

二战爆发以后，战场上急需大量抗菌消炎药物，特别是对化脓伤口有疗效的药物。青霉素的问世恰逢其时，挽救了无数士兵的生命。1945 年，弗莱明、弗洛瑞、钱恩三位科学家共同获得了诺贝尔生理学或医学奖。

青霉素抗菌作用好，毒性低，是目前临床上仍在使用的药物。但青霉素遇到胃酸就会因水解而失效，所以只能注射给药，不能口服。另外，不少患者对青霉素过敏，情况严重的话还会危及生命，因此，使用青霉素之前要进行皮试。为了克服青霉素的种种缺点，人们对青霉素的结构进行改造，得到了很多性能优良的半合成青霉素，如阿莫西林（其分子结构见图 5-9）、美洛西林、氨苄西林等。

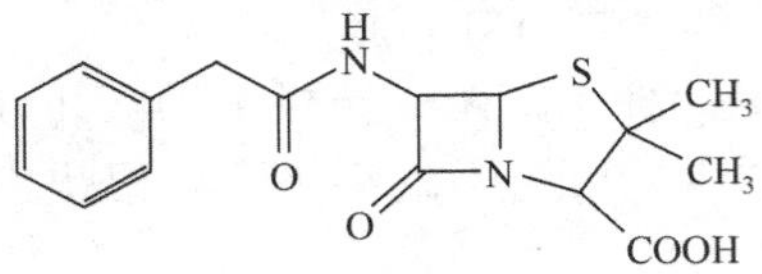

图 5-8 青霉素的分子结构

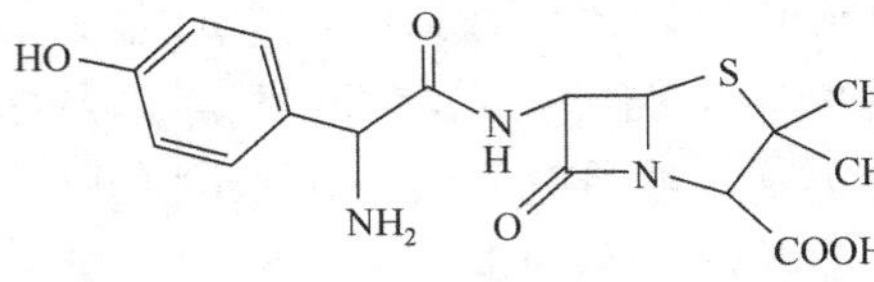

图 5-9 阿莫西林的分子结构

青霉素是人类发现的第一种抗生素，它在临床上的成功应用为人类寻找新药打开了一扇新的大门——从微生物的代谢产物中寻找药物。

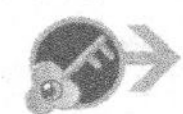

生活知识小链接——不同种类的霉菌

虽然青霉素是由霉菌产生的抗生素，但并不意味着大家可以无所顾忌地吃发霉的食物，或者用发霉的东西涂抹伤口，因为有些霉菌产生的有毒物质会危害人类的健康和生命，如黄曲霉毒素（由一种叫作黄曲霉的霉菌产生的物质）可以诱发肝癌，是非常危险的。

黄酱、酱豆腐、毛豆腐等传统美食是由一些不产生毒性物质的霉菌发酵制成的，其安全性也得到了上千年实践经验的证实，可以放心食用。

（二）链霉菌产生的抗生素

1. 链霉素

链霉素是继青霉素之后第二个生产并应用于临床的抗生素。

1939 年，美国微生物学家瓦克斯曼（Selman Waksman）发现来自土壤中的一种链丝菌可以有效地抑制结核杆菌的生长。他坚信一定是这种微生物分泌的某种物质在起作用。经过多年研究，科学家们终于从一种灰色链霉菌的培养液中成功分离出了毒性较低、可供人体使用的链霉素，其分子结构如图 5-10 所示。

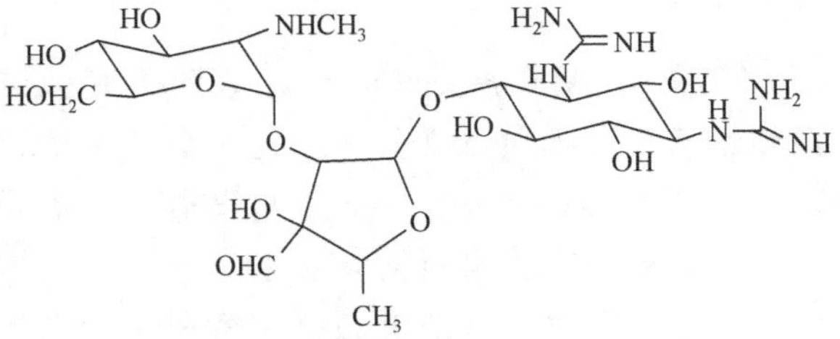

图 5-10 链霉素的分子结构

链霉素的出现，使得当时正在大肆蔓延、令人胆寒的白色瘟疫——结核病得到了控制。瓦克斯曼也因此获得了 1952 年诺贝尔生理学或医学奖。

历史知识小链接——链霉素投入临床拯救广大结核病患者

结核杆菌对大家来说并不陌生，从古至今，它犹如瘟疫般吞噬着众多人的生命。直到20世纪40年代，瓦克斯曼和萨兹在不见天日的地下实验室，经过夜以继日地研究亿万微生物后，终于提取出可杀灭结核杆菌的特殊物质——链霉素。

1944年默克公司成功研制出供人体使用的链霉素。同年，亨夏与费尔德曼首次使用链霉素进行人体试验。之后，链霉素在美国和英国进行大规模临床试验。1946年，瓦克斯曼与萨兹联合签署专利转让文件，以便广泛、大量地生产链霉素，用于拯救结核病患者。随着链霉素在全世界的推广与使用，人们发现其不仅对结核病有显著疗效，还对鼠疫、霍乱、伤寒等多种传染病也都有显著疗效。

2. 氯霉素

1947年，大卫·戈特利布(David Gottlieb)从委内瑞拉链霉菌的培养液中分离出一种新的抗生素——氯霉素，其分子结构如图5-11所示。氯霉素属于广谱抗生素，对革兰氏阳性菌和革兰氏阴性菌都有抑制作用，临床上可用于治疗伤寒、副伤寒、斑疹伤寒等疾病。氯霉素治疗伤寒的作用机制是通过抑制细菌蛋白质的合成来抑制细菌生长的。

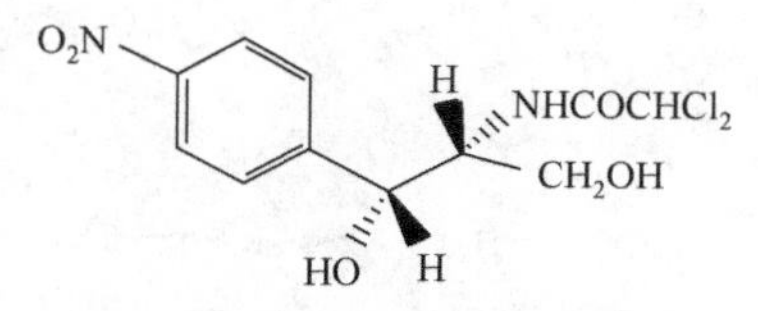

图5-11　氯霉素的分子结构

医疗知识小链接——氯霉素治疗伤寒的疗程问题

使用氯霉素治疗伤寒的疗程长短与复发率有密切的关系。研究发现，在伤寒恢复期受治5天以下的患者，复发率为26.3%；6～10天的患者，复发率为3.9%～7.7%。由此可见，疗程越长，复发率越低。但过长的疗程不仅消耗药品，还促使毒性反应的产生。一般认为合理的疗程是14天。因此研究者提出了间歇疗法，即退热后停药，等到了可能复发的时间再用药6天，以降低复发率。

3. 红霉素

1952年，人们从菲律宾土壤样本中发现了一种红色链霉菌。后来，人们从其培养液中分离得到了红霉素，其分子结构如图5-12所示。红霉素抗菌谱比较广，是治疗肺炎支原体和军团菌感染的首选药物。

红霉素的大环内酯结构在酸性条件下不稳定，水溶性较差。因此，人们对红霉素进行结构修饰后得到了琥乙红霉素、罗红霉素(其分子结构见图5-13)等药物。临床上使用的阿奇霉素也是将红霉素进行化学结构改造得到的产物。

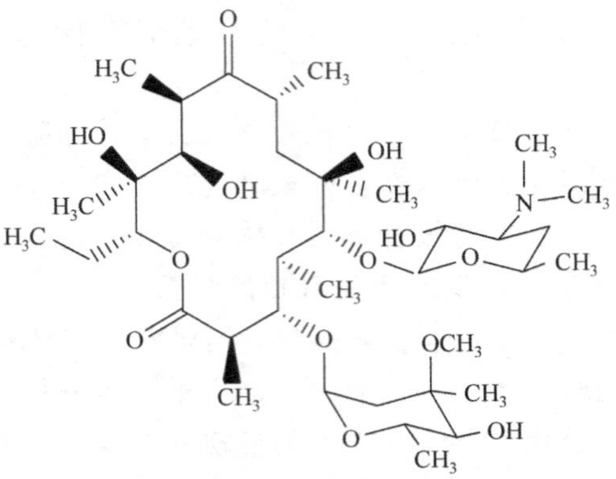

图 5-12 红霉素的分子结构

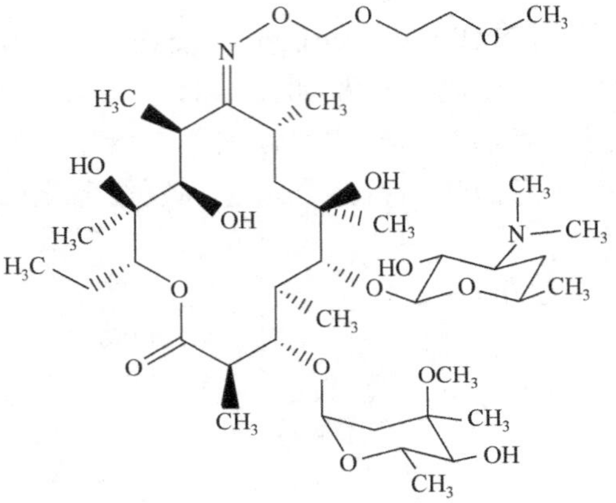

图 5-13 罗红霉素的分子结构

第二节 生活中常见的化学合成药物

一、感冒药

感冒是生活中最为常见的疾病之一，具体来说，它又分为流行性感冒（简称流感）和普通感冒。流感是由流感病毒引起的急性呼吸系统传染病，在我国多发生在冬、春季，起病急剧，传染性强，如果不及时治疗会导致肺炎，还可能损伤心血管和神经系统，重症感染者可能会因呼吸和（或）多脏器衰竭而死亡，因此流感患者应及时使用抗流感病毒的药物。普通感冒一般可以自愈，但是咳嗽、发热、头痛、四肢酸痛、打喷嚏、流鼻涕等症状较重的时候仍需使用感冒药。几种常用复方感冒药的主要成分如表 5-1 所示。

表 5-1　几种常用复方感冒药的主要成分

药品名称	主要成分
新康泰克	盐酸伪麻黄碱、马来酸氯苯那敏
康必得	对乙酰氨基酚、盐酸二氧异丙嗪、板蓝根浸膏、葡萄糖酸锌
泰诺	对乙酰氨基酚、盐酸伪麻黄碱、马来酸氯苯那敏、氢溴酸右美沙芬
白加黑	白片：对乙酰氨基酚、盐酸伪麻黄碱、氢溴酸右美沙芬 黑片：对乙酰氨基酚、盐酸伪麻黄碱、氢溴酸右美沙芬、盐酸苯海拉明
扑感敏	对乙酰氨基酚、氨基比林、咖啡因、马来酸氯苯那敏
力克舒	对乙酰氨基酚、盐酸麻黄碱、咳平、马来酸氯苯那敏、咖啡因、消炎酶
感冒通	双氯芬酸钠、马来酸氯苯那敏、人工牛黄
速效伤风胶囊	对乙酰氨基酚、马来酸氯苯那敏、人工牛黄、咖啡因
快克	对乙酰氨基酚、盐酸金刚烷胺、马来酸氯苯那敏、人工牛黄、咖啡因
感冒清	对乙酰氨基酚、马来酸氯苯那敏、人工牛黄、盐酸吗啉胍
三九感冒灵	对乙酰氨基酚、马来酸氯苯那敏、咖啡因、三叉苦等中药
感康	对乙酰氨基酚、盐酸金刚烷胺、马来酸氯苯那敏、人工牛黄、咖啡因
速感宁	对乙酰氨基酚、马来酸氯苯那敏、人工牛黄、贯众等中药
小儿速效感冒颗粒	对乙酰氨基酚、马来酸氯苯那敏、人工牛黄、咖啡因

注：节选自朱坡. 常用抗感冒药成分分析[J]. 中国药房，2003(04)：60-61.

复方感冒药中最常用的组分就是对乙酰氨基酚、盐酸金刚烷胺、马来酸氯苯那敏、咖啡因、人工牛黄、盐酸伪麻黄碱、氢溴酸右美沙芬等药物。

对乙酰氨基酚又名扑热息痛，其分子结构如图 5-14 所示，具有较好的解热镇痛作用，但使用过量会对身体造成严重伤害，甚至会危及生命。因此，我们使用感冒药时要关注药物的有效成分，不同的感冒药不要叠加使用，以免摄入过量的对乙酰氨基酚。氨基比林的分子结构如图 5-15 所示，它也是一种具有明显解热镇痛作用的药物，可以用来缓解头痛、关节痛等症状，但是过敏反应较多，而且会影响人体的造血系统。

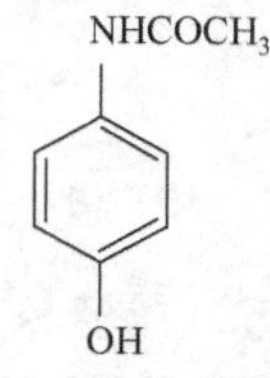

图 5-14　对乙酰氨基酚的分子结构

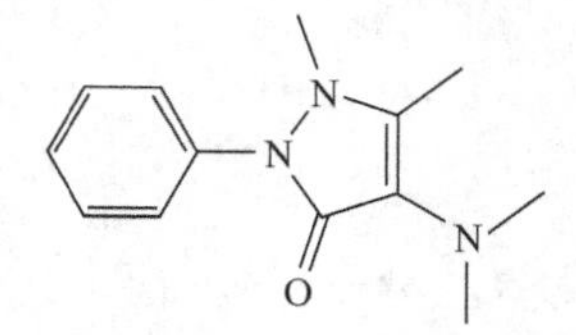

图 5-15　氨基比林的分子结构

化学知识小链接——对乙酰氨基酚在人体内的代谢

如图 5-16 所示，对乙酰氨基酚在体内代谢生成 N-乙酰基亚胺醌，后者可与肝脏中的谷胱甘肽结合，当大剂量或超剂量服用对乙酰氨基酚时，肝脏中贮存的谷胱甘肽被大量消耗(70%)，则 N-乙酰基亚胺醌会与肝蛋白结合，从而导致肝坏死。另外，过量的对乙酰氨基酚还可能导致肾小管坏死和低葡萄糖昏迷。

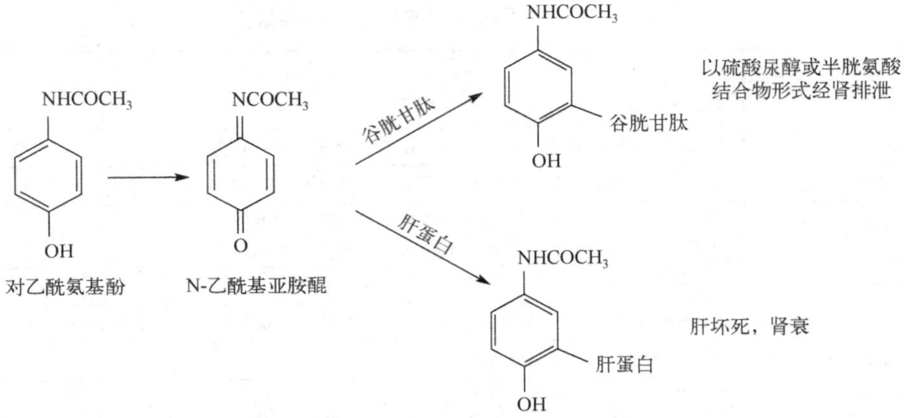
NHCOCH₃
NCOCH₃
OH
O
对乙酰氨基酚
N-乙酰基亚胺醌
谷胱甘肽
肝蛋白
NHCOCH₃
谷胱甘肽
OH
以硫酸尿醇或半胱氨酸
结合物形式经肾排泄
NHCOCH₃
肝蛋白
OH
肝坏死，肾衰

图 5-16　对乙酰氨基酚在人体内的代谢

盐酸金刚烷胺的分子结构如图 5-17 所示，它是一种三环状胺，既可以阻止病毒颗粒进入宿主细胞，又可以阻断病毒的脱壳，还可以抑制病毒的早期复制(生物合成)，对 A 型流感病毒(特别是亚洲 A_2 型流感病毒)引起的感染有较好的疗效。

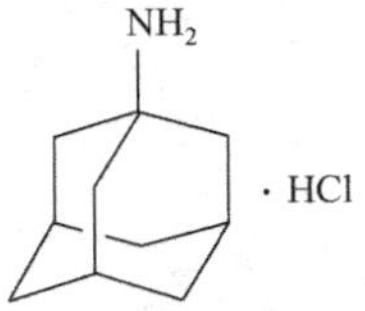
NH₂
· HCl

图 5-17　盐酸金刚烷胺的分子结构

马来酸氯苯那敏又名扑尔敏，其分子结构如图 5-18 所示，它既具有抗过敏作用，又可以减少鼻黏膜分泌鼻涕，因此可以用来缓解打喷嚏、流鼻涕等症状。但该药物会让人产生困倦感，从而影响人的精神状态。处方中添加咖啡因，其分子结构如图 5-19 所示，它不但可以缓解马来酸氯苯那敏带来的嗜睡副作用，而且可以缓解脑血管扩张引起的头痛，从而加强解热镇痛药的疗效。

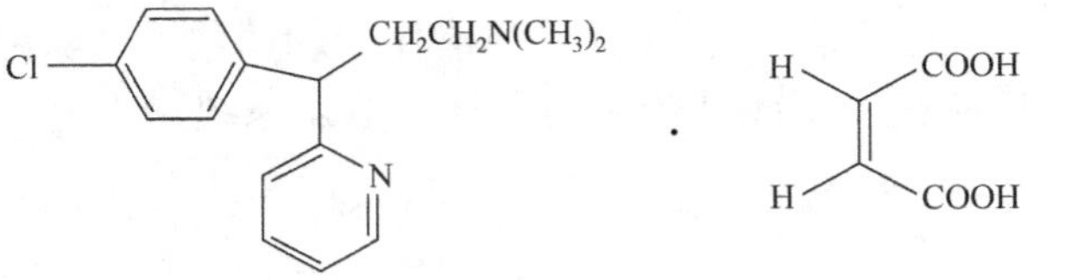
Cl
CH₂CH₂N(CH₃)₂
N
H
COOH
H
COOH

图 5-18　马来酸氯苯那敏的分子结构

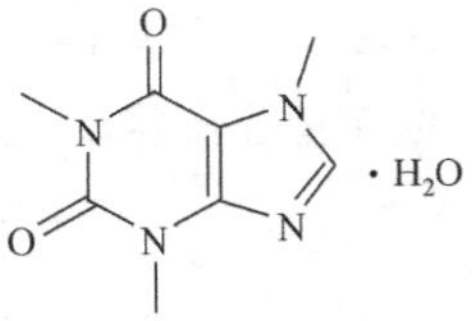
O
N
N
· H₂O
O
N
N

图 5-19　咖啡因的分子结构

盐酸伪麻黄碱的分子结构如图 5-20 所示，它可以扩张血管，减轻鼻充血，用于缓解鼻塞症状。氢溴酸右美沙芬的分子结构如图 5-21 所示，它具有止咳作用。

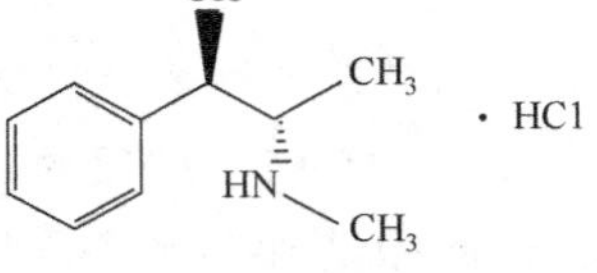
OH
CH₃
· HCl
HN
CH₃

图 5-20　盐酸伪麻黄碱的分子结构

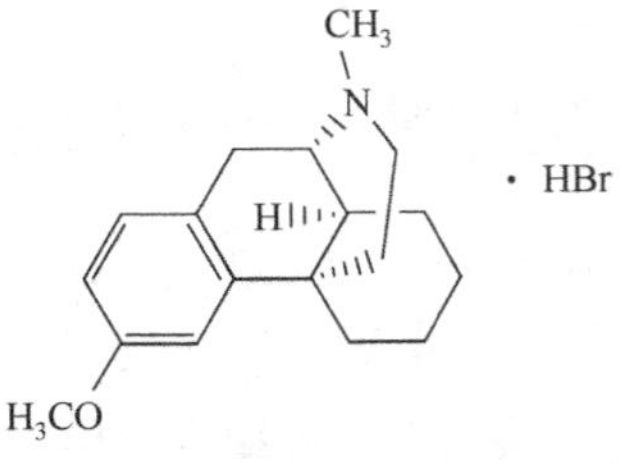
CH₃
N
· HBr
H
H₃CO

图 5-21　氢溴酸右美沙芬的分子结构

复方感冒药中的各种化学成分各自发挥不同的功效，相辅相成，共同缓解头痛、关节痛、发热、鼻塞、咳嗽等症状。

趣味小实验——对乙酰氨基酚的制备

实验原理

4-氨基苯酚和醋酐发生酰化反应合成对乙酰氨基酚如图 5-22 所示。

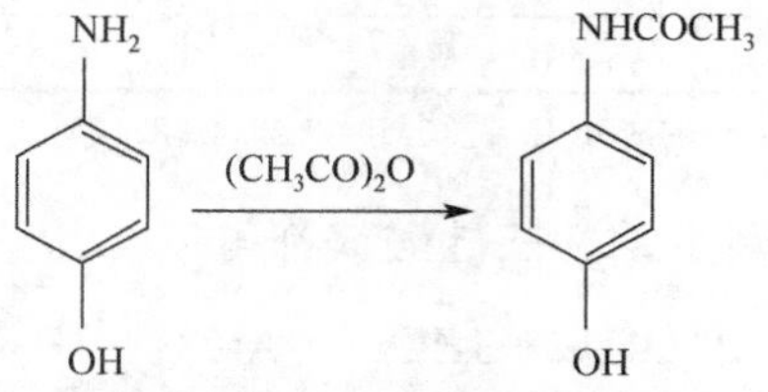

$$HO-C_6H_4-NH_2 \xrightarrow{(CH_3CO)_2O} HO-C_6H_4-NHCOCH_3$$

图 5-22　4-氨基苯酚和醋酐发生酰化反应合成对乙酰氨基酚

实验用品

药品：4-氨基苯酚、醋酐、亚硫酸氢钠溶液。

仪器：烧杯、水浴锅、搅拌器、温度计、布氏漏斗、抽滤瓶、水泵。

实验步骤

(1) 在装有 10 mL 水的 100 mL 烧杯中依次加入 4-氨基苯酚和醋酐，水浴加热并搅拌，将温度控制在 60～70℃，至有沉淀析出时，冷却、过滤、洗涤。

(2) 将沉淀溶解在 30 mL 热水中，煮沸 10 min，趁热进行抽滤，在滤液中加入 2～3 滴饱和亚硫酸氢钠溶液，析出结晶后抽滤干燥。

二、抗胃溃疡药

胃是人体最重要的消化器官，其健康处于一种动态平衡，一方面胃液中的盐酸、胃蛋白酶等会对胃黏膜产生损伤，另一方面胃黏膜所分泌的黏液及从十二指肠反流进入胃腔的碱性物质会对其自身起到防护作用。当胃酸分泌不足时，食物难以完全消化，会导致消化不良；当胃酸的分泌超过了胃黏膜分泌的黏液对胃的保护能力及碱性十二指肠液对胃酸的中和能力时，胃壁就会被消化导致胃溃疡。

因此，治疗胃溃疡的药物按照作用机制可以分为中和胃酸的药物、减少胃酸分泌的药物及保护胃黏膜的药物。

(一) 中和胃酸的药物

胃酸的主要成分是盐酸，故可采用碱性物质加以中和。常用胃药有胃舒平、复方胃友、胃得宁、胃得乐、乐得胃及威地美等，其主要成分如表 5-2 所示。

表 5-2 几种常用胃药的主要成分

药品名称	主要成分
胃舒平	氢氧化铝、三硅酸镁、颠茄浸膏
复方胃友	氢氧化铝、三硅酸镁、颠茄浸膏、维生素 U
胃得宁	氢氧化铝、颠茄浸膏、维生素 U
胃得乐	次硝酸铋、碳酸镁、碳酸氢钠、大黄
乐得胃	次硝酸铋、碳酸镁、碳酸氢钠、弗朗鼠李皮
威地美	氢氧化铝、碳酸镁

注：节选自明辉. 几种常用复方胃药的成分[J]. 医院药学杂志，1982(04)：64.

氢氧化铝、碳酸镁、碳酸氢钠、三硅酸镁都可以与盐酸反应，化学方程式如下。

$$Al(OH)_3 + 3HCl = AlCl_3 + 3H_2O$$

$$MgCO_3 + 2HCl = MgCl_2 + H_2O + CO_2\uparrow$$

$$NaHCO_3 + HCl = NaCl + H_2O + CO_2\uparrow$$

$$Mg_2Si_3O_8 + 4HCl = 2MgCl_2 + 3SiO_2 + 2H_2O$$

需要注意的是，中和胃酸时产生的氯化铝具有收敛的作用，可引起便秘。另外，铝是一种慢性神经毒性物质，摄入过多会影响人的学习记忆能力，导致认知障碍，进而使神经系统发生退行性改变，诱发老年性痴呆、肌萎缩侧索硬化等疾病。

(二)减少胃酸分泌的药物

胃酸分泌的过程较为复杂。科学研究发现，胃壁上存在三种受体：组胺 H_2 受体、乙酰胆碱受体及胃泌素受体，当这些受体分别与组胺、乙酰胆碱、胃泌素结合后就会引发一连串反应，使得胃壁细胞中的 H^+ 进入胃腔，形成胃酸。然而，在上述产生胃酸的三种途径中贡献最大的是组胺与 H_2 受体的结合，因此，如果能有一种化学物质将 H_2 受体上的活性位点占据，阻止组胺与该受体结合，就可以减少胃酸的分泌。

科学家以组胺作为先导化合物，对其结构进行改造，得到了西咪替丁，其分子结构如图 5-23 所示。西咪替丁的问世开创了 H_2 受体拮抗剂治疗胃溃疡的新时代。

西咪替丁又名甲氰咪胍，是目前临床上常用的一种抑制胃酸分泌的抗溃疡药物。它对因化学刺激引起的腐蚀性胃炎有预防和保护作用，对应激性溃疡和上消化道出血也有明显疗效。用于缓解胃酸过多引起的胃痛、胃灼烧感和反酸。

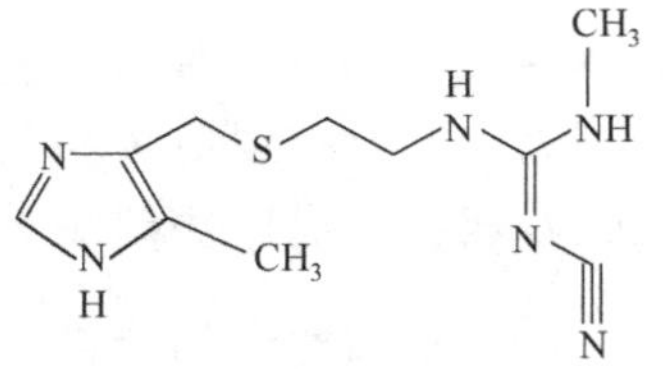

图 5-23 西咪替丁的分子结构

在西咪替丁基础上通过局部结构改造得到了雷尼替丁，其分子结构如图 5-24 所示，其抑制胃酸分泌的作用是西咪替丁的 4～10 倍，治疗消化性溃疡的效果优于西咪替丁。

后来，人们继续对西咪替丁的化学结构进行优化，合成得到了药效比雷尼替丁更强的法莫替丁，其分子结构如图 5-25 所示。

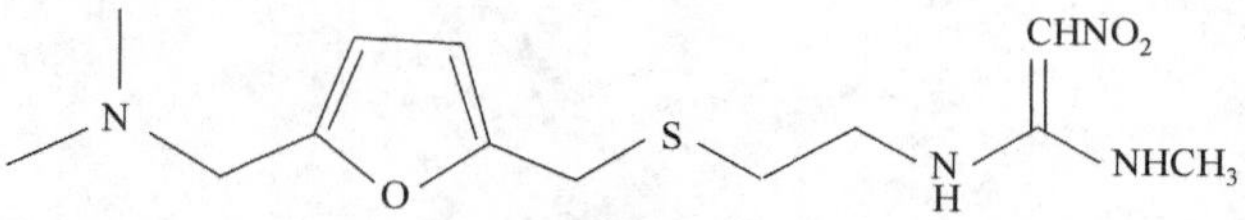

$CHNO_2$ N O S N H $NHCH_3$

图 5-24　雷尼替丁的分子结构

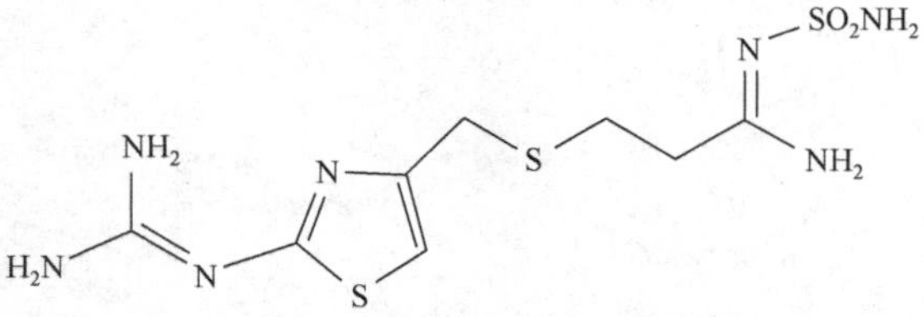

SO_2NH_2 N NH_2 N S NH_2 H_2N N S NH_2

图 5-25　法莫替丁的分子结构

胃壁细胞产生的酸性物质(H^+)需要在质子泵的作用下才能进入胃腔，形成盐酸。因此，用药物抑制此质子泵的功能即可阻断胃酸的分泌。临床上使用的质子泵抑制剂有奥美拉唑(其分子结构图 5-26)、兰索拉唑(其分子结构图 5-27)等。

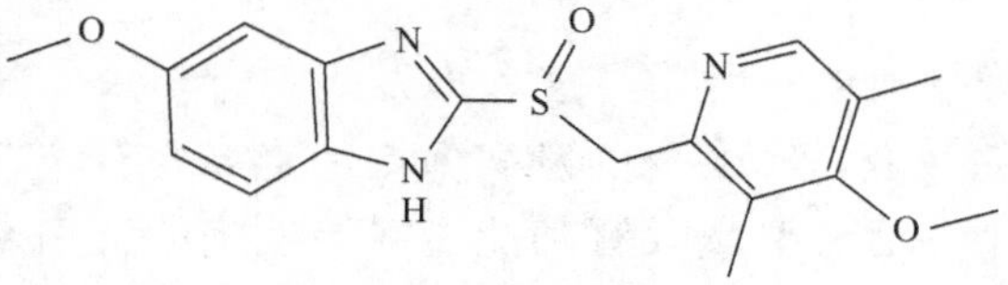

O N O S N N H O

图 5-26　奥美拉唑的分子结构

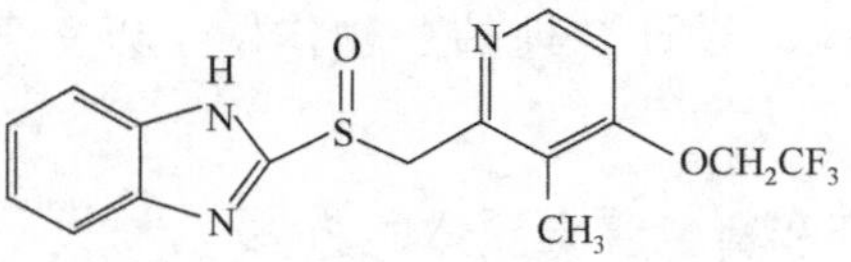

H O N N S N OCH_2CF_3 CH_3

图 5-27　兰索拉唑的分子结构

(三) 保护胃黏膜的药物

胃酸和胃蛋白酶会对胃壁产生一定的消化作用，进而导致胃溃疡。如果在胃壁细胞表面覆盖一层保护膜就可以减轻这种消化作用，防止胃溃疡的发生。

米索前列醇的分子结构如图 5-28 所示，它是一种良好的治疗消化性溃疡的药物，既可以通过增加黏液在胃壁细胞表面形成保护膜，又可以通过降低 cAMP 水平来抑制胃酸的分泌，还可以通过增加碱性 HCO_3^-的分泌来中和胃酸。硫糖铝的分子结构如图 5-29 所示，它不但可以抑制胃蛋白酶的活性，而且可以与胃黏膜蛋白络合形成保护膜；枸橼酸铋钾(组成不定的含铋复合物，含铋量为 35%～38.5%)既可以在溃疡表面形成一层保护膜，又有助于清除幽门螺杆菌。

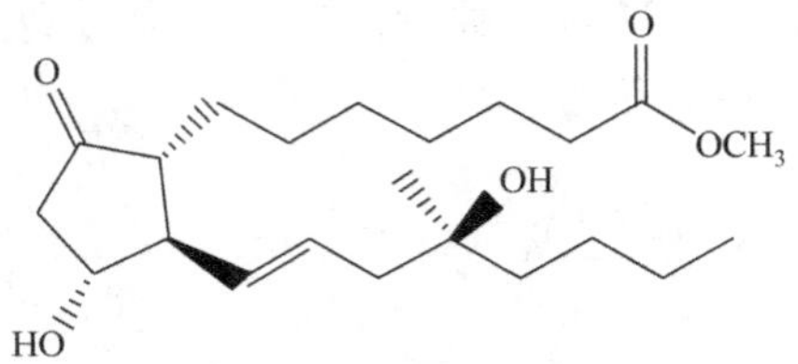

图 5-28 米索前列醇的分子结构

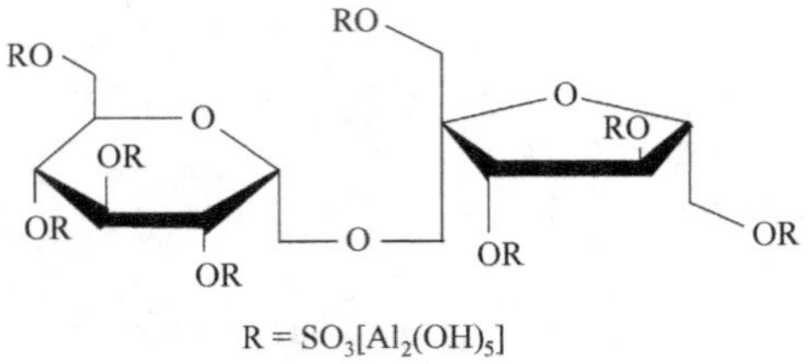

$R = SO_3[Al_2(OH)_5]$

图 5-29 硫糖铝的分子结构

三、抗高血压药

高血压是危害人类健康的一种常见病和多发病。近年来，随着人们饮食结构、出行方式及生活习惯等的改变，高血压的发病率持续走高且有年轻化的趋势。血压升高会增加冠心病、脑卒中、心力衰竭及肾功能衰竭等疾病的发病率，严重威胁人们的身体健康和生命安全。导致血压升高的因素是多方面的，如去甲肾上腺素等神经递质与肾上腺素受体的结合，血管紧张素 II(AII) 与其受体的结合，醛固酮的合成分泌，离子通道的阻滞、开放等。因此，设计合理的药物作用于以上各个环节都可以达到降低血压的效果。

(一) 影响去甲肾上腺素和肾上腺素受体的药物

可乐定(其分子结构如图 5-30 所示)、莫索尼定(其分子结构如图 5-31 所示)等药物可以减少去甲肾上腺素的释放，从而产生降压作用。其中，莫索尼定比可乐定的副作用更小，特别适用于高血压合并代谢综合征患者的治疗。

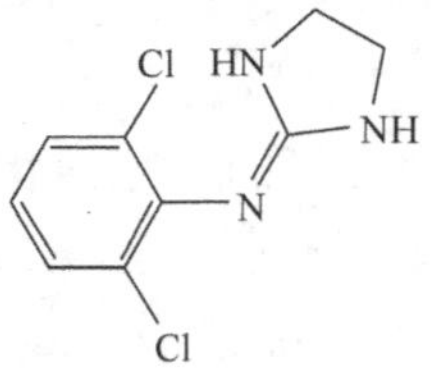

图 5-30 可乐定的分子结构

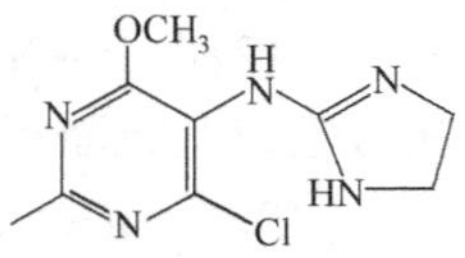

图 5-31 莫索尼定的分子结构

普萘洛尔的分子结构如图 5-32 所示，它是有效的肾上腺素 β 受体阻断剂，不但可以降血压，而且可以预防心绞痛，治疗心律失常。该药物的发现是 20 世纪药理学和药物治疗学历史上的重要里程碑之一，该药物的开发者(英国科学家 Black James)在 1988 年获得了诺贝尔生理学或医学奖。

然而，临床研究发现使用普萘洛尔会引起支气管痉挛和哮喘。后来，科学家证实肾上腺素 β 受体有 β_1 和 β_2 两种亚型，支气管痉挛和哮喘的副作用是由于 β_2 受体被阻断导致的。因此，设计选择性的 β_1 受体阻断剂更为理想。

通过对普萘洛尔的化学结构进行改造，改变其侧链和取代基，合成得到了阿替洛尔，其分子结构如图 5-33 所示，该药物对心脏的 β_1 受体有较好的选择性，可以使心脏收缩力减弱，心率减慢，能够有效地治疗高血压，作用快速且持久。

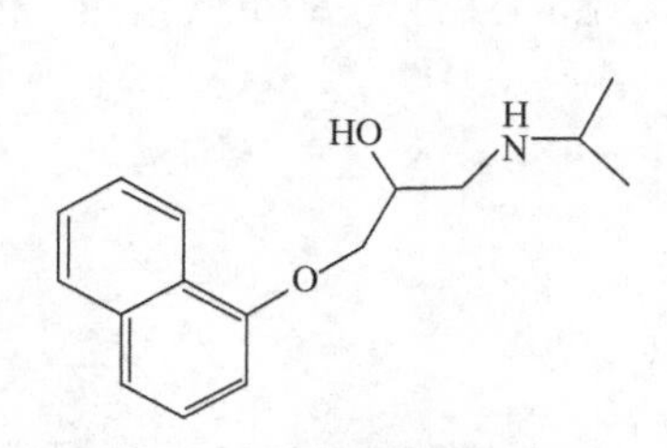

图 5-32　普萘洛尔的分子结构

图 5-33　阿替洛尔的分子结构

(二) 影响血管紧张素及其受体的药物

血管紧张素 II(AII)的分泌会引起血管收缩，血压升高。另外，AII 与 AII 受体结合以后也会导致血压升高。因此减少 AII 的合成或者阻断 AII 受体都可以降低血压。

AII 是由血管紧张素 I(AI)在一种血管紧张素转化酶(ACE)的作用下得到的。因而只要抑制了 ACE 的活性，就可以减少 AII 的合成，也就在一定程度上阻止了血压的升高。

科学家从蛇毒中分离出一种叫作替普罗肽的化合物，其分子结构如图 5-34 所示，通过研究发现它可以抑制 ACE，有降血压作用，但是口服无效。后来，科学家通过对该化合物的结构进行优化，得到了可以口服的卡托普利，其分子结构如图 5-35 所示，其降血压的作用比替普罗肽更好，而且对各种类型的高血压均有明显的作用，价格低廉，是低收入高血压患者的首选药物。

图 5-34　替普罗肽的分子结构

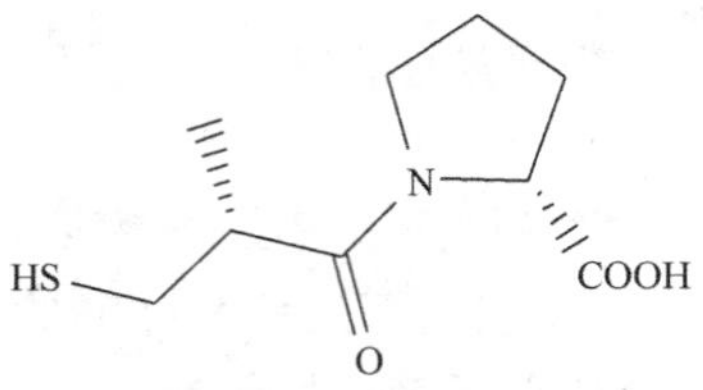

图 5-35 卡托普利的分子结构

氯沙坦的分子结构如图 5-36 所示，它是临床上最早使用的 AII 受体拮抗剂，可以阻止 AII 与该受体的结合，从而产生良好的降压作用。后来，在氯沙坦的基础上进行结构改造又得到了伊贝沙坦，其分子结构如图 5-37 所示，后者的活性与氯沙坦相当，但起效更快，不良反应更少，患者依从性较高。

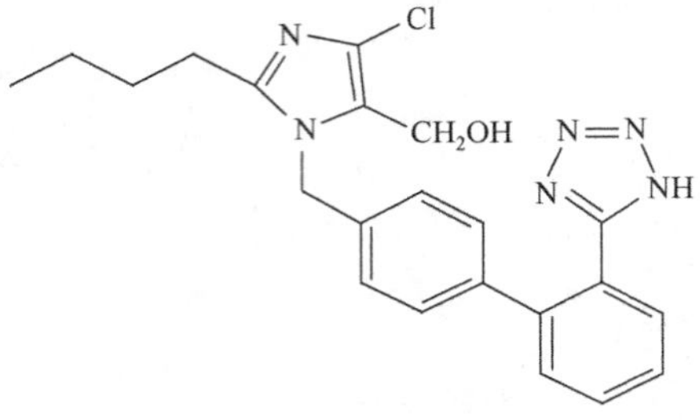

图 5-36 氯沙坦的分子结构

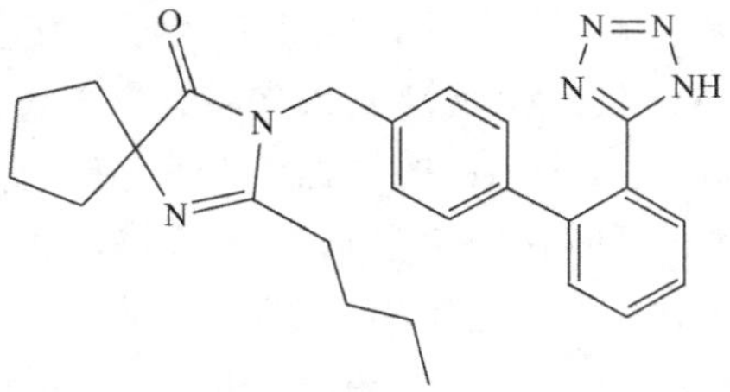

图 5-37 伊贝沙坦的分子结构

（三）利尿药

血压就是血液作用于血管壁所产生的压力。因此，血管中的血液量越多对血管壁产生的压力就越大。正常情况下，体内多余的水分会随着尿液排出，从而保持血容量相对恒定。但是当醛固酮分泌过多时会使血液中聚集的钠离子增多，为了保持血液中钠离子浓度恒定，则本该随尿液排出体外的水分就会被重新吸收，用来稀释钠离子。这样，就会使血管中的血液总体积增大，进而导致血压升高。因此，使用一些利尿药促进水和钠的排出，就可以达到降血压的效果。

氢氯噻嗪可以促进 NaCl 的排泄，降压作用温和，但长期使用会导致低血钾症。呋塞米是一种强效利尿药，降压效果与氢氯噻嗪相似，但起效更快。长期使用呋塞米会导致高尿酸症、胃肠道反应及耳毒症等。螺内酯是一种醛固酮受体拮抗剂，可以与醛固酮受体结合，促进钠离子排泄和钾离子保留，起到利尿降压的作用，但会导致高血钾症。

因此，利尿药不可长期服用某个单一品种。

(四)作用于离子通道的药物

科学研究发现，某些作用于离子通道的药物在治疗心血管疾病方面具有重要作用。例如，硝苯地平(其分子结构见图 5-38)可以阻滞钙离子通道，对于轻、中、重度高血压均有降压作用，降压较快且作用时间长；吡那地尔(其分子结构见图 5-39)通过开放钾离子通道可以舒张血管平滑肌，用于轻、重度高血压的治疗。这类药物的主要不良反应是水肿，可以和利尿药联合使用。

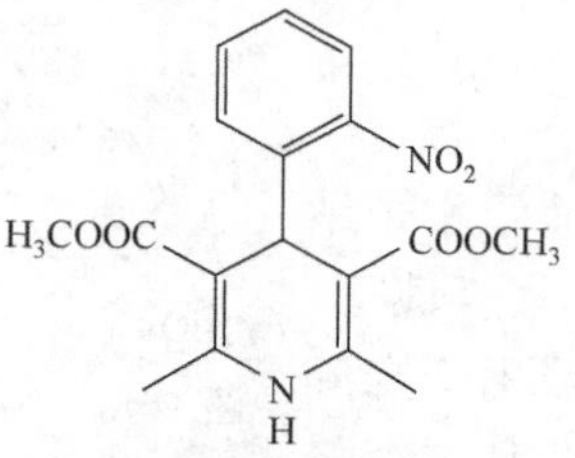

图 5-38　硝苯地平的分子结构

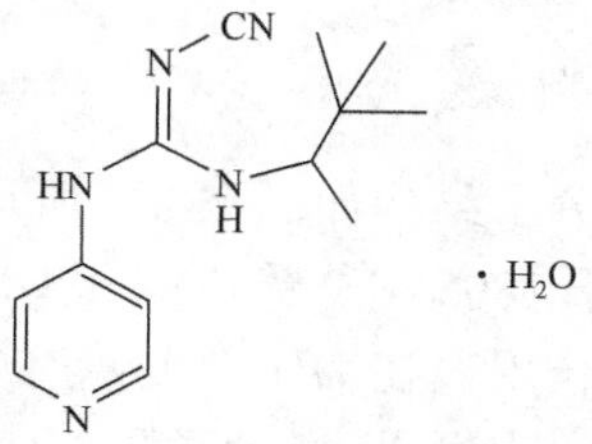

图 5-39　吡那地尔的分子结构

第三节　毒　　品

毒品是指可以使人形成瘾癖的药物。用药者对该类药物会产生依赖，一旦停药，就会出现一系列不适症状。为了维持毒品所带来的欣快感觉，用药者通常会不断增大用药量，长此以往，会对身体健康造成严重损害。

从本质上来说，毒品就是一种精神药品或麻醉药品。正如《中华人民共和国刑法》第三百五十七条："[毒品的范围及毒品数量的计算]本法所称的毒品，是指鸦片、海洛因、甲基苯丙胺(冰毒)、吗啡、大麻、可卡因以及国家规定管制的其他能够使人形成瘾癖的麻醉药品和精神药品。"

麻醉和精神药品在临床上合理使用可以帮助患者减轻病痛，但是非法滥用就会对身体造成伤害，也会给家庭和社会带来危害，因此受到国家的严格管控。国家食品药品监督管理总局、公安部、原国家卫生计生委联合公布的 2013 年版《麻醉药品品种目录》和《精神药品品种目录》中共列出被管制麻醉药品 121 种，精神药品 149 种。从毒品的来源来看，可以分为天然毒品、半合成毒品及合成毒品三大类。

一、天然毒品

天然毒品是可以直接使用的有毒原植物或是从这些植物中提取出的毒品。

（一）鸦片

鸦片又名“阿片”，俗称“大烟”或“福寿膏”。未成熟的罂粟果被划破后渗出的汁液经过干燥凝固处理就得到了生鸦片。生鸦片味苦，经过烧煮和发酵便可制成熟鸦片，后者在吸食时有一种强烈的香甜气味。鸦片有止痛、止泻、止咳等作用，但长期服用会成瘾，会使人体质衰弱，免疫力降低，精神萎靡，过量吸食鸦片可引起急性中毒，使人因呼吸衰竭而死亡。

鸦片中含有 20 多种生物碱，其中含量比较高的是吗啡和可待因。吗啡具有显著的镇痛作用，但是很容易成瘾。为了克服吗啡的缺点，人们利用化学合成技术对吗啡的结构进行改造，得到了一系列镇痛药物，其中有些药物同样具有一定程度的成瘾性，也是属于国家管控的麻醉药品。

（二）吗啡

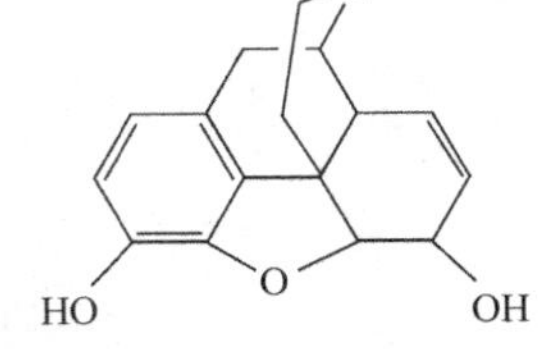

图 5-40　吗啡的分子结构

吗啡的分子结构如图 5-40 所示，它是德国药师泽尔蒂纳(Sertürner)于 1805 年从鸦片中分离出的一种生物碱，具有镇痛、镇咳、镇静作用，在临床上主要用于抑制剧烈疼痛或用于麻醉前给药。第一次世界大战期间，吗啡是军队的必备药品，很多士兵用吗啡来缓解伤痛，但是吗啡具有非常严重的成瘾性，且会对呼吸中枢产生抑制作用。长期滥用吗啡可导致人精神不振，思维和记忆力衰退，并可引起精神失常、肝炎等综合征，严重的还会导致呼吸停止而死亡。

（三）大麻类

大麻，别名火麻，是一种一年生草本植物。国际上常见的大麻类毒品主要有大麻烟、大麻脂和大麻油，它们的主要有效化学成分都是四氢大麻酚（简称 THC）。把大麻叶和烟叶混合以后制成香烟就是国际上流行的大麻烟，其中 THC 的含量为 0.5%～5%。这是当今世界吸食最多的一种毒品，因为其价格比较便宜，所以被西方国家称为“穷人的毒品”。

大麻脂是从大麻的果实和花顶部分中提取得到的一种树脂状物，其中 THC 的含量为 2%～10%，少量吸食即可产生强力效果。大麻油是从捣碎成浆的大麻植物中压榨、提炼的浓缩液，其中 THC 的含量为 10%～60%，其效力比大麻脂高 30～40 倍。长期大剂量使用大麻可使免疫系统遭到抑制，引起脑损伤，导致精神疾病等。

（四）古柯树叶和可卡因

从古柯树叶中分离出局部麻醉药物可卡因（其分子结构见图 5-41）的历史已经在本章第一节进行了介绍，此处不再赘述。将盐酸可卡因、小苏打和水混合加热，去除氯离子后就得到一种小卵石状的结晶——“快克”，俗称“霹雳”。这种毒品在抽吸时常会听到爆裂的噼啪声，吸食两三天就会成瘾。吸食“快克”后会使人兴奋、心跳加快，也会使

图 5-41　可卡因的分子结构

人发抖，产生妄想和幻觉，过量吸食会引起呼吸抑制，长期吸食则会引起失眠、躁动或妄想性精神病。毒瘾发作时会使人有自杀倾向。

二、半合成毒品

半合成毒品是以天然毒品为原料，经过一系列化学合成和物理处理过程得到的合成毒品，如图 5-42 所示。

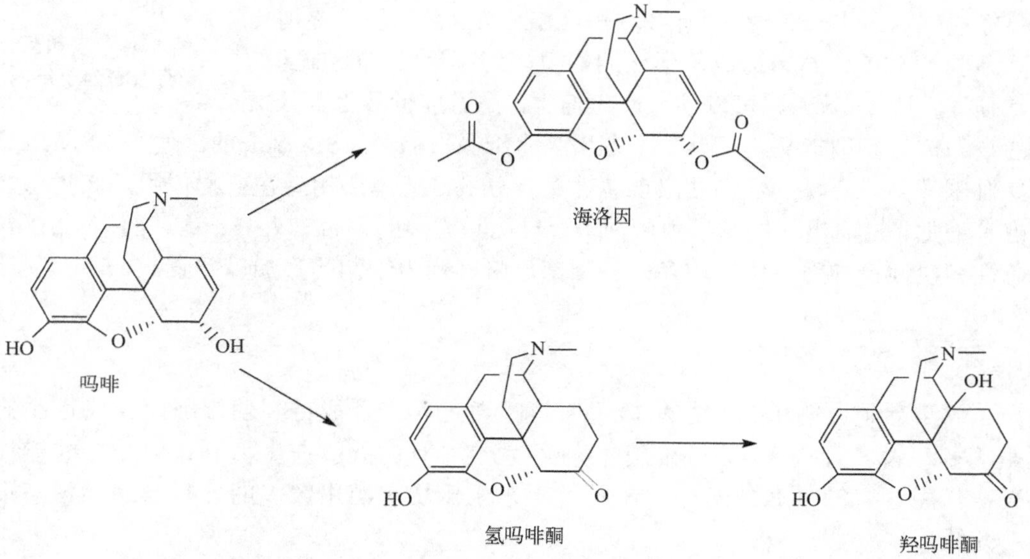

海洛因

吗啡

氢吗啡酮

羟吗啡酮

图 5-42　以吗啡为原料的半合成毒品

(一)海洛因

海洛因是我国吸毒者吸食的主要毒品之一，俗称“白粉”“白面”“几号”。1897 年德国拜耳公司的药剂师费利克斯·霍夫曼将吗啡和冰醋酸一起加热后合成了二乙酰吗啡(海洛因)，并且发现这种化合物对咳嗽、气喘等有显著疗效。后来，海洛因用于治疗疼痛、抑郁、支气管炎、哮喘、胃癌等疾病。海洛因也曾被用来戒除吗啡的毒瘾，结果后来发现它比吗啡具有更强的药物依赖性。因为海洛因的水溶性和脂溶性都比吗啡好，所以更容易被人体吸收，更容易进入人的中枢神经系统，从而产生更加强烈的作用。随着海洛因上瘾者数量的增加，各个国家开始对海洛因进行了控制，不再将其作为药物使用。滥用海洛因会使人畏光、消瘦、说话含混不清、皮肤发痒、免疫功能降低等。

(二)其他半合成吗啡衍生物

将吗啡 7，8 位双键加氢还原，同时把 6 位羟基氧化成酮，就得到了氢吗啡酮。在此基础上引入 14 位羟基得到的产物叫作羟吗啡酮。这两种化合物的镇痛作用都比吗啡强，成瘾性也都比吗啡更高。

(三)麦角酰二乙胺

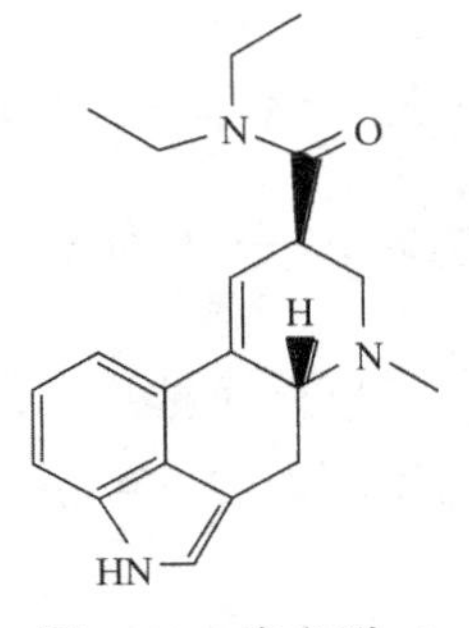

图 5-43 麦角酰二乙胺的分子结构

麦角酰二乙胺的分子结构如图 5-43 所示，又称其为“麦角酸二乙酰胺”，英文名称为 Lysergic acid diethylamide，简称 LSD，是一种强烈的半人工致幻剂。

1938 年瑞士化学家阿尔贝·霍夫曼(Albert Hofmann)用从麦角真菌中提取出的麦角酸为原料合成出一种无色无味的液体，该液体经放置后析出一种微白色结晶——LSD。1943 年霍夫曼博士偶然吞服了 LSD，结果造成了强烈的幻视、幻听反应。LSD 药效非常强，仅需 25 微克就可以使人产生幻觉，是目前世界上药效最强的致幻剂。新型毒品“邮票”就是用吸水纸吸取微量 LSD 制成的。使用 LSD 后通常会使血压升高，心跳加快，并出现急性精神分裂。一些服用者在药物作用下产生恐惧、焦虑等幻觉，进而出现严重暴力倾向，给自己和周围的人带来人身伤害。随着 LSD 导致的急性和慢性精神病案例的增多，各国都已将其列为管制药品加以严查。

三、合成毒品

合成毒品是以简单的化学物质为原料，通过人工合成得到的毒品。合成毒品的种类非常多，大多直接作用于人的中枢神经系统，有的能够产生抑制作用，有的能够产生兴奋作用，有的具有致幻作用，是近年来娱乐场所滥用较多的一类毒品。本书不再详细介绍。

安全知识小链接——毒品的危害

毒品作为当今社会的一个大“毒瘤”，不仅损害吸毒者自身的身体健康，而且给家庭和社会带来了深重灾难。

(1)对自身健康的危害。

毒品是能够使人成瘾的药物，因此毒品都具有成瘾性和依赖性。一旦停药就会出现种种戒断症状，严重者还会发生血压升高、心动过速，甚至因电解质紊乱而危及生命。

(2)对家庭的危害。

一个人一旦染上毒瘾往往会耗尽家庭积蓄去购买毒品，甚至为了购买毒品而变卖家当，使得整个家庭债台高筑，遭到亲戚朋友的疏离。孕妇吸毒的话，还会将毒品通过胎盘传给胎儿，使得孩子一出生就要承受戒断症状带来的痛苦，另外毒品也可能导致胎儿畸形。

(3)对社会的危害。

制毒过程中要使用多种化学试剂，产生很多的废水、废气和废渣，导致我们的生活环境恶化。因此我们对毒品一定要有一个清醒的认识，深刻认识吸毒的危害性，坚决制止吸毒、贩毒。

思考与讨论

1．小调查：看看你家医药箱里的药物有哪些是化学合成药物。

2．你能根据药品说明书简述药品的化学成分吗？

3．观看一部禁毒电影，如《与死神共舞》《戒毒记事——毒之魔》《防范新型毒品的危害》等，谈谈自己的感想。

第六章　化学与化妆品

最早的化妆品可以追溯到史前时期。当时化妆的人多为男性，他们在面部和身体涂上各种颜色的油彩，以显示其身份和地位。经过漫长的社会发展，女性逐渐成为化妆的主角。我国古代的人们利用各种天然原料，研制出了丰富多彩的化妆品，如妆粉、眉黛、胭脂、花钿等。

随着社会经济的不断发展，人们美化自己的方式也在不断革新。由于化学制剂技术的进步，人们创造出了功能各异的化妆品。市场上的化妆品琳琅满目，种类繁多。从化妆品的使用方法上来说，主要有涂抹、喷、洒、敷等方式。根据化妆品的使用范围不同，可以将其分为用于皮肤的、用于毛发的、用于指甲的、用于口唇的、用于牙齿的……按照化妆品的功能不同，又可以将其分为清洁类、保护类、美化类、修饰类等。

历史知识小链接——《本草纲目》中的美容中药

明代李时珍的《本草纲目》中，收集了美容中药500余种。该书中的“眼目”“面”“鼻”“唇”“口舌”等篇介绍了数百种美容药物。例如，“面”一篇中，简单介绍了很多中草药对面部疾患的功能及主要使用方法，如“栝楼实，去手面皱，悦泽人面。同杏仁、猪胰研涂，令人面白”。至于每种药的更详细介绍则分别见于水、火、草、谷等部，为中药美容研究提供了非常宝贵的资料。

第一节　清洁类化妆品

一、洗面奶

面部清洁是美容护肤的第一步。爱美人士都非常重视面部清洁。《外台秘要》中记载的洗脸药“崔氏澡豆方”在常规洗面药中加入了白芷、蔓荆子及冬瓜仁、栀子，除了能够滋润皮肤，还能防治粉刺。目前，洗面奶是当前比较流行的一种洁面产品，通常由表面活性剂、增稠剂、保湿剂及具有各种功能的营养物质配制而成。市场上常见的洗面奶主要有三种类型：泡沫型、溶剂型及无泡型。

(一)泡沫型

顾名思义，泡沫型洗面奶就是具有丰富泡沫的洗面奶。脂肪酸是其中的重要组成成分，常用的脂肪酸有硬脂酸、月桂酸、十四酸和十八酸等。其中，十八酸和十四酸都可以产生持久、稳定、具有美丽珠光的泡沫。脂肪酸与氢氧化钠、氢氧化钾、三乙醇胺等碱类物质配伍，可以发生皂化反应，其产物具有较好的去油污能力。因此，这类洗面奶又被称为皂基型洗面奶。

一些具有美白、祛痘功能的洗面奶中会添加水杨酸。水杨酸具有消炎和去角质的功能，但水溶性很差，使用泊洛沙姆等乳化剂可以增加水杨酸的溶解度。

为了延长产品的保质期，洗面奶中通常会加入一定量的防腐剂。常用的防腐剂有：对羟基苯乙酮、苯甲酸钠、羟苯甲酯等。

（二）溶剂型

常见的溶剂型洗面奶有卸妆水和卸妆油。

卸妆水主要用于卸除面部淡妆，并具有一定的保湿功能，其主要成分是水，此外还含有一些醇类化合物：乙醇、异丙醇等物质既可以发挥抑菌作用，又可以给肌肤带来清凉感；丙二醇、甘油可作为保湿剂。PEG-6 辛酸/癸酸甘油酯类作为表面活性剂可以溶解各种油脂，既可以使妆容很快卸除，又可以防止皮肤收缩，提高皮肤柔软度。柠檬酸则可以加快角质更新。

卸妆油又称为洁颜油，可以与彩妆、油污快速融合，多用于卸除面部彩妆。其配方中的主要成分是各种油脂(如玫瑰果油、米糠油、鳄梨油等)，此外还会添加多种乳化剂，如 PEG-20 甘油三异硬脂酸酯、PEG-3 异硬脂酸甘油酯、聚山梨醇酯-80 和山梨醇聚醚-30 四油酸酯等。乳化剂中的亲油成分可以帮助卸妆油溶解皮肤上的彩妆，而亲水成分则可以降低卸妆油的油腻感。

（三）无泡型

无泡型洗面奶不含皂基成分，也就不会产生大量泡沫。该类洗面奶配方中多使用氨基酸表面活性剂，如月桂酰肌氨酸钠、椰油酰甘氨酸钾、肉豆蔻酰谷氨酸钠、椰油酰基甲基牛磺酸钠等。氨基酸表面活性剂具有良好的去污、乳化功能，又因其酰基链中存在羟基或不饱和键而具有一定的杀菌作用。

生活知识小链接——可否用洗面奶的泡沫多少，判断其品质优劣

洗面奶中的泡沫有助于彻底清除化妆品、老废角质和阻塞毛孔的污垢。但是，不能仅凭泡沫多少来判断其品质优劣。高品质洗面奶产生的泡沫应细腻有质感，含有滋养保湿成分，而泡沫粗糙且松散的洗面奶含皂基较多，营养成分较少，保湿效果较差。此外，还有无泡型洗面奶。

二、洗发水

洗发水是为了清洁头发和头皮使用的一种化妆品。

很早以前，人们就知道用淘米水、草木灰沉淀过的水或煮过皂角豆的水来洗头发。这些早期的洗发用水有一个共同的特点——含有碱性物质，而碱性物质具有一定的去污能力。随着肥皂的普及，人们开始使用肥皂来洗头发，肥皂中所含的硬脂酸钠具有很好的去污能力。但令人不满的是，使用肥皂洗头发会导致头发干燥、打结，甚至造成头皮发痒。后来，有人将肥皂和有香味的植物一起放入水中浸泡，用这种肥皂水洗头发一定程度上改善了肥皂的弊端。这种有香味的肥皂水就是现代洗发水的雏形。

随着化学的发展，人们对洗发水的配方不断进行改良，获得了具有多种不同功能的产品。例如，具有使头发更顺滑，保持发色绚丽，减少头皮屑或防脱发等功能的洗发水。

大多数洗发水都是由表面活性剂、稳泡剂、调理剂、防腐剂和香精等成分调配而成的。表面活性剂是洗发水最重要的成分，常见的脂肪醇硫酸钠、月桂醇聚醚硫酸酯钠等有清洁和起泡作用；椰油酰胺丙基甜菜碱、椰油酰胺 MEA 等物质可以增加黏度、降低刺激性；二甲苯磺酸钠具有增溶作用，可以提高洗发水的去污能力。

调理剂可以使头发柔软、顺滑、有光泽，最常见的就是硅油及其衍生物，如聚二甲基硅氧烷、聚二甲基硅氧烷醇、乳化硅油等。

洗发水中往往还要添加乙二醇二硬脂酸酯作为珠光剂，让产品看起来更美观；添加柠檬酸、乳酸等物质调节产品的 pH 值；添加苯甲酸钠、甲基异噻唑啉酮和甲基氯异噻唑啉酮等物质抑制微生物的生长；添加硬脂醇、鲸蜡醇为产品增稠；添加瓜尔胶羟丙基三甲基氯化铵既可以为产品增稠，又可以抗静电；添加乙二胺四乙酸（EDTA）及其盐类作为螯合剂，可以与自来水中的 Ca^{2+}、Mg^{2+}进行络合，从而避免阴离子表面活性剂与金属离子发生反应而沉淀，防止酶、蛋白质等活性物质失活。不同功能的洗发水中还会添加一些特别的组分，如去屑洗发水中会添加吡硫鎓锌，防脱发洗发水中会添加酮康唑等药物。

值得注意的是，虽然硅油类物质具有一定的保湿效果，还可以帮助抚平翘起的毛鳞片，让头发看起来更加柔顺靓丽，但是近年来却出现了一种“谈硅油色变”的风潮。因为硅油不溶于水，很难冲洗干净，长期使用会使头发变得厚重、油腻、坍塌，甚至会刺激头皮、引起皮屑，而且硅油化学性质比较稳定，在自然条件下很难降解，会造成环境污染。因此，寻找天然无刺激的润发、护发成分代替硅油类物质是洗发水的发展趋势。

生活知识小链接——鲜侧柏叶有助于乌发和生发

侧柏叶又叫柏叶，为柏科植物侧柏干燥的嫩枝梢和叶。诸多古代文献中记载，侧柏叶的主要功能为乌发和生发。例如，《本草纲目》记载：“烧取汁涂头，黑润鬓发……浸油，生发，烧汁，黑发。和猪脂，沐发长黑。”侧柏叶十分清香，一般用于改善血热脱发、须发早白。

制作方法：取新鲜采摘的侧柏叶 100 g，用清水浸洗两遍，剪成小段，将处理后的侧柏叶加水 2000 ml，小火煎煮 30 min，冷却后用细纱布过滤出药液，即可使用。

三、沐浴露

几十年前，人们洗脸、洗澡、洗头发、洗衣服用的都是肥皂。后来随着生活水平的提高，肥皂只用来洗衣服，而清洁皮肤和头发开始使用香皂。再后来，人们对清洁类产品进行了更细致的划分，才出现了洗手液、洗面奶、洗发水、沐浴露等产品。

沐浴露，又称沐浴乳，是 20 世纪 90 年代开始流行起来的用于全身清洁的液体清洗剂。因为沐浴产品与洗面奶、洗发水等在本质上是同源的，所以对比产品成分不难发现，沐浴露也是由各种表面活性剂、乳化剂、增稠剂、pH 值调节剂、保湿剂等物质配制而成的。

不同的是，洗发水除了清洁功能，还要考虑柔顺发丝，去屑止痒；洗面奶和沐浴露要考虑的则是清洁、保湿、滋润美白皮肤。由于面部肌肤更加敏感，因此洗面奶与沐浴露所添加的成分也会有所区别。

生活知识小链接——沐浴露的质量与其黏度的关系

沐浴露的质量与其黏度没有必然的联系，但沐浴露的黏度会影响消费者的体验感。沐浴露的基础配方中：脂肪醇聚氧乙烯醚硫酸钠(AES)作为主体表面活性剂和脂肪酸甲酯磺酸钠(MES)进行复配(两者含量为 12%)，其中 MES 具有良好的易增稠性；椰油酰胺丙基胺氧化物(OA-30)作为辅助表面活性剂(用量为 0.45%)；增稠剂可采用最简单的氯化钠(NaCl)。沐浴露产品的黏度一般比较高，在低温的情况下，易呈果冻状，为了保证沐浴露在低温下具有较好的流动性，需要合理选择 MES 的用量(一般控制在 5%以内)。

四、牙膏

牙膏是专门用于清洁牙齿的清洁剂，主要功能是洁白牙齿，坚固牙釉质，减少细菌，预防蛀牙。作为清洁类化妆品，牙膏的成分中自然也少不了表面活性剂(如月桂醇硫酸酯钠)、乳化剂(如椰油酰胺丙基甜菜碱)、增稠剂(如纤维素胶、羟乙基纤维素等)。

作为牙齿专用清洁剂，牙膏的配方中又含有一些与洁面、洁肤产品不同的化学物质。山梨(糖)醇是牙膏中最常见的重要组分，它是一种具有保湿功能的特殊甜味剂。水合硅石是牙膏中含量仅次于水和山梨(糖)醇的重要组分，其作用是作为摩擦剂。有的牙膏中也会使用碳酸钙或磷酸氢钙作为摩擦剂。刷牙除了利用表面活性剂除去一部分油污，更重要的是利用摩擦作用来清除牙齿表面的食物残渣和牙菌斑。

单氟磷酸钠、氟化钠等含氟化合物可以预防龋齿，是防蛀牙牙膏的重要成分。硝酸钾、氯化锶可以缓解牙齿对冷热酸甜的敏感，是脱敏牙膏中的重要成分。具有抑制牙菌斑功能的牙膏中会添加柠檬酸锌、氯化亚锡、氟化亚锡等化合物。具有美白功能的牙膏中往往添加二氧化钛。二氧化钛在牙膏中含量很低，往往以“CI77891”的形式出现在成分列表中。

化学知识小链接——龋齿产生的原因及预防措施

牙釉质的主要成分羟基磷酸钙可以被溶解（“脱矿化”），但正常情况下，这个反应向右进行的程度很小，该溶解过程的逆过程叫作“再矿化”，是人体自身防蛀牙的过程。

$$Ca_5(PO_4)_3OH(s) \underset{再矿化}{\overset{脱矿化}{\rightleftharpoons}} 5Ca^{2+}(aq) + 3PO_4^{3-}(aq) + OH^-(aq)$$

当我们进餐后，口腔中的细菌分解食物产生的有机酸（如乙酸、乳酸等）会中和 OH^-，从而促进脱矿化作用，久而久之就会产生蛀牙，也就是龋齿。因此，我们最好少吃含糖量高的食物，并且坚持饭后立即刷牙。

牙膏中的氟化物可以提供 F^-。在再矿化的过程中，F^-取代 OH^-生成的氟磷灰石［$Ca_5(PO_4)_3F$］是更难溶解的化合物，而且 F^-是比 OH^-更弱的碱，不易与酸反应，从而使牙齿有较强的抗酸能力。

$$5Ca^{2+}(aq) + 3PO_4^{3-}(aq) + F^-(aq) = Ca_5(PO_4)_3F(s)$$

第二节　保养类化妆品

千百年来，皮肤护理问题一直是人们关注的话题。古人将动物油脂涂抹在皮肤表面，用来防止因风吹日晒导致的皮肤干裂问题，这是因为油脂类物质可以减少皮肤表面水分的流失。随着化学技术的发展，人们得到了甘油、脂肪酸、脂肪酸甘油酯及石蜡等化合物，并将这些化学品应用于护肤品，再辅之以各种香料及具有美白、抗氧化等功能的成分，开发出了形形色色的保养类化妆品。从形态上分，主要有水、乳、霜、膏、膜等类型的化妆品。从使用部位进行精细划分，有用于眼部的、面部的、颈部的、手部的及适用于全身皮肤的各种类型的化妆品。从功能上划分，有润肤、保湿、美白、防晒、祛斑、抗皱、抗衰老、抗氧化等类型的化妆品。

事实上，一种保养类化妆品往往兼具多种功能。例如，爽肤水有滋润型、清爽型、美白型、抗皱型等，而乳液、面霜、面膜、防晒霜等保养品也具有以上多种类型。因此，本节内容将按照不同功能来介绍保养类化妆品中的各种化学成分。

一、美白祛斑

俗话说“一白遮百丑”，人们也会用“肤白貌美”形容美丽的女子，用“面如冠玉”形容美男子。古代人们就学会了搽粉，唐代的面脂是用白铅化成糊状制作而成的；明代用白色茉莉花仁提炼成“珍珠粉”；清代则直接用珍珠加工成“珠粉”或用滑石等细石研磨成“石粉”等。如今，各个品牌的洗面奶、爽肤水、乳液、面霜、面膜等都开发出了具有美白功效的产品。那么，究竟有哪些物质具有美白功效呢？

（一）酪氨酸酶抑制剂

酪氨酸酶是人体皮肤中黑色素生成过程中的重要参与者，如图 6-1 所示，因此抑制该酶的活性就可以减少黑色素的生成，从而达到美白的功效。目前，在化妆品中应用较多的酪氨酸酶抑制剂有熊果苷、氧化白藜芦醇、维生素 C、曲酸等。

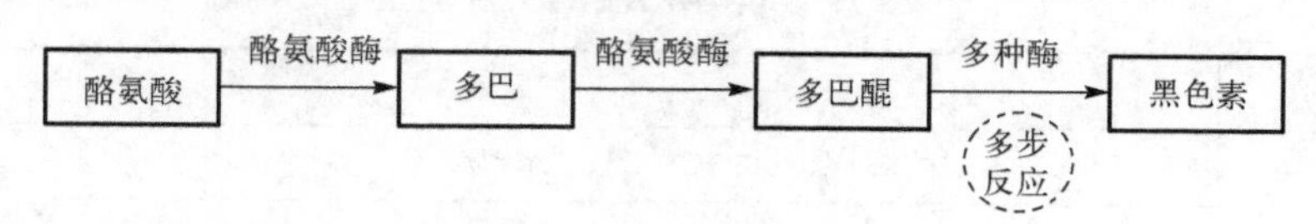

图 6-1　黑色素生成过程

（二）无机汞

酪氨酸是人体合成黑色素的原料，无机汞可以明显抑制酪氨酸的合成，从而具有显著的美白祛斑效果。但汞作为重金属会在人体内累积，造成慢性中毒，损伤肾脏等脏器。

（三）白色涂料

在皮肤表面抹一层“白色涂料”可以获得短期的美白效果。氧化钛、氧化锌、氧化铝等白色物质都是常用的美白成分。

生活知识小链接——人参的美白护肤作用

目前，皮肤美白化妆品通常通过抑制酪氨酸酶活性或阻断酪氨酸生成黑色素的氧化过程，减少黑色素的生成，达到美白效果。

人参也具有美白护肤效果。人参皂苷是其主要的活性成分，具有护肤、抗紫外线等功能。人参中的熊果苷可抑制酪氨酸酶的活性，阻断多巴及多巴醌的合成，进而抑制黑色素的生成。

二、防晒

根据波长不同，可以将阳光中的紫外线分为长波紫外线（UVA）、中波紫外线（UVB）和短波紫外线（UVC）。UVC 和 98%的 UVB 在穿过大气层时被臭氧层所吸收，因此，对人体造成影响的是 UVA 和少量的 UVB。UVB 会导致皮肤肿胀、脱皮、出现红斑，而 UVA 穿透力很强，可以到达皮肤深层并引起皮肤老化。

涂抹防晒剂是一种很好的防紫外线的方式。古人为了避免阳光照射造成的灼伤，会在皮肤表面涂抹一层泥巴，这就是最早的“防晒霜”。随着科技的进步，目前已经开发出了化学防晒剂和物理防晒剂。

(一)化学防晒剂

通常情况下，分子结构中含有共轭双键的有机化合物对紫外线具有一定的吸收能力。我国允许用于化妆品的化学防晒剂有九种类型，如表 6-1 所示。

表 6-1 化学防晒剂的九种类型

类　型	防　晒　剂
对氨基苯甲酸类	二甲基 PABA 乙基己酯、PEG-25 对氨基苯甲酸
水杨酸类	水杨酸乙基己酯、胡莫柳酯
肉桂酸类	甲氧基肉桂酸乙基己酯、对甲氧基肉桂酸异戊酯
苯酮类	二苯酮-3、二苯酮-4、二苯酮-5
樟脑衍生物类	3-亚苄基樟脑、4-甲基苄亚基樟脑、亚苄基樟脑磺酸、樟脑苯扎铵甲基硫酸盐、聚丙烯酰胺甲基亚苄基樟脑、对苯二亚甲基二樟脑磺酸
三嗪类	乙基己基三嗪酮、双-乙基己氧苯酚甲氧苯基三嗪、二乙基己基丁酰胺基三嗪酮
苯甲酰甲烷类	丁基甲氧基二苯甲酰基甲烷、二乙氨基羟苯甲酰基苯甲酸己酯
苯基苯并咪唑类	苯基二苯并咪唑四磺酸酯二钠、苯基苯并咪唑磺酸及其钾、钠和三乙醇胺盐
其他类	奥克立林、甲酚曲唑三硅氧烷、亚甲基双-苯并三唑基四甲基丁基酚、聚硅氧烷-15

(二)物理防晒剂

二氧化钛、氧化锌(白色粉末)对紫外线具有一定的反射和吸收作用，因此常被添加到各类具有美白防晒功能的化妆品中。

此外，有报道称，芦荟、款冬花、貂油、胎盘提取液等天然动、植物提取物不仅能够吸收紫外线，还可以清除自由基，对晒后皮肤有良好的修复作用。因此，将其与物理防晒剂、化学防晒剂进行复配可制成广谱防晒霜。

三、抗皱、抗衰老

随着生活水平的提高，人们对护肤品提出了更高的要求，不仅要能防止皮肤干裂、美白，还要能抗皱、抗衰老。

皱纹是如何产生的呢？科学研究发现，随着年龄的增长，新陈代谢速度逐渐降低，新生成的细胞未来得及到达皮肤表层就已经被自由基氧化，胶原蛋白和弹性蛋白也在逐渐减少。在此诸多因素的共同作用下，皮肤就产生了皱纹。

基于对皱纹产生机制的研究，人们发现了多种抗皱物质。

(一)肽类化合物

肽类由具有一定序列的氨基酸通过酰胺键相连，由两个氨基酸组成的肽称为二肽，三个氨基酸组成的肽称为三肽，以此类推。肽类化合物可以快速渗入肌肤，达到嫩肤抗皱的效果。例如，谷胱甘肽可以清除自由基，保护细胞膜，防止线粒体的脂质过氧化；海参肽可以促进胶原蛋白合成，是高档化妆品中的抗皱修复成分。

（二）维生素类

视黄醇（维生素 A）可以促进真皮层胶原蛋白的形成，以及表皮细胞的增殖。烟酰胺（维生素 B_3）可以减少皮肤表层水分流失，改善表皮含水量，可以通过增加胶原蛋白减少皱纹，还可以恢复皮肤屏障功能。因此，很多化妆品中都含有烟酰胺。生育酚（维生素 E）是一种常用的抗氧化剂，能够促进新陈代谢，改善皮肤弹性，与抗坏血酸（维生素 C）联合使用可以清除自由基，改善皮肤老化现象。

（三）腺苷

腺苷是一种天然嘌呤核苷，可通过三磷酸腺苷（ATP）分解制得。腺苷可以抑制钙离子引起的细胞收缩，因此具有抗皱功能。

（四）植物活性成分

一般来说，植物活性成分性质比较温和，没有刺激性，因此越来越受到人们的青睐。从绿茶、红景天、野菊花、人参花、石榴皮、桉树、番红花等植物中提取出的活性成分已被广泛用于抗氧化、抗衰老护肤品。

四、补水保湿

皮肤失去水分就会变得粗糙、无弹性，甚至会形成干纹。因此，给皮肤补水保湿可以让肌肤看起来更加亮丽滋润。按照作用机制不同，保湿护肤成分可分为以下四种。

（一）防止水分蒸发

凡士林不溶于水，可在皮肤表面形成一层保湿屏障，阻止皮肤中的水分散失，因此很多药膏和保湿滋润霜中都含有凡士林。但凡士林比较油腻，只适合干燥的冬季或是皮肤特别干燥的人使用，否则会因堵塞毛孔而引发粉刺和痤疮。

（二）吸收外界水分

此类物质的典型代表是多元醇类化合物，如甘油、丙二醇、山梨糖、聚乙二醇等。由于这类物质具有较强的吸水性，可以从环境中吸收水分为肌肤保湿。但前提是使用者所处的环境要有足够的湿度以提供水分，否则它们就会抢夺皮肤内层中的水分，使皮肤变得更加干燥。

（三）通过水合作用与水结合

玻尿酸、弹力素、胶原质等来源于动、植物的活性成分溶于水后会形成一个网状结构，将水分子锁入其中，从而使得自由水变成结合水，难以蒸发散失，达到保湿效果。这类保湿剂不油不腻，不会阻塞毛孔，也不会吸收肌肤水分，适合于各种肌肤和各种气候环境。

(四)修复角质细胞

角质层是肌肤的天然屏障，本身就具有阻止细胞内水分散失的功能。维生素类(如维生素 A，维生素 E，维生素 B_5，维生素 C)、果酸，以及一些植物萃取物(如绿茶精华、葡萄籽精华、熊果苷精华等)可以促进角质层再生，新生的角质层具有较好的保湿功能，也使皮肤看起来更滋润。

趣味小实验——自制护手霜

实验用品

原料：硬脂酸 30 g、硬脂醇 30 g、白凡士林 30 g、液体石蜡 45 g、油酸山梨坦 8 g、聚山梨酯 80 22 g、甘油 50 g、山梨酸 1 g、蒸馏水 250 mL、玫瑰精油适量。

仪器：烧杯、酒精灯、石棉网、玻璃棒、温度计。

实验步骤

1. 将硬脂酸、硬脂醇、白凡士林、液体石蜡、油酸山梨坦在水浴中加热至 80℃使其熔化，得油相。
2. 将聚山梨酯 80、甘油、山梨酸溶于蒸馏水，加热至 80℃，滴入玫瑰精油，得水相。
3. 将水相逐渐加入油相，边加边搅拌，直至凝固，即可得到护手霜。

第三节　美化类化妆品

一、口红

“粉面含春威不露，丹唇未启笑先闻”“朱唇一点桃花殷，宿妆娇羞偏髻鬟”“水翦双眸点绛唇”……我国很多诗词中描述的美人都有涂口红的习惯，古埃及、古希腊、古罗马的妇女们也很钟爱红唇。可见，古今中外的人们对于唇色的追求是一致的。

古人给嘴唇上色使用的是胭脂(胭脂也可以用来给脸部皮肤增色)，专门用于唇部的管状口红首见于 1915 年。到了 20 世纪 40 年代，唇膏的颜色开始丰富起来，大红色、粉红色、橙黄色、咖啡色，甚至还有浅绿色。熟悉化学发展历史的人不难发现，这个时间段正是现代化学崛起的时期。

一般来说，口红主要是由三类物质构成的。

(一)基质

油脂、蜡及软化剂所组成的基质是构成口红的主体，可以使口红具有固定的形态，也可以锁住唇部皮肤的水分，因此具有一定的滋润和保湿功能。棕榈蜡、白蜂蜡、橄榄油、甜杏仁油、维生素 E 等物质是常用的唇膏基质。

(二)着色剂

着色剂是口红丰富色彩的来源。随着化学学科的发展，人们合成了种类繁多的颜料，其中不少被应用于化妆品。常见着色剂及其颜色如表 6-2 所示。

表 6-2　常见着色剂及其颜色

颜　色	着色剂
红	甜菜根红、花色素苷、磷酸锰[$Mn_3(PO_4)_2 \cdot 7H_2O$]、氧化铁
棕	焦糖、金、铜
黄	乳黄素、颜料黄 42、颜料黄 43[$FeO(OH) \cdot nH_2O$]
咖啡	高粱红
橙	辣椒红、氧化亚铁
蓝	溴百里酚蓝、颜料蓝 27[$Fe_4(Fe(CN)_6)_3 + FeNH_4Fe(CN)_6$]
绿	溴甲酚绿
紫	颜料紫 16($NH_4MnP_2O_7$)

(三)防腐剂

为了便于长久保存和使用，口红中还要添加防腐剂。由于涂抹的位置比较特殊，口红中需要使用食用防腐剂，如苯甲酸钠、苯甲酸、山梨酸钾、山梨酸、丙酸钙等。

由于唇膏、唇釉、唇彩等使用的着色剂在唇部肌肤表面附着不太牢固，容易脱色。因此，爱美的女士们在日常生活中隔一段时间就需要补妆，有时候在衣服上、水杯上留下的口红印记也令人备感尴尬。近几年发明的口红雨衣则较好地解决了这一问题。顾名思义，口红雨衣就是施加在口红外面的一层防水薄膜，可以用来防止口红脱色、晕染和沾杯。

口红雨衣的主要成分包括硅烷类物(如二甲基甲硅烷基化硅石、三氟丙基环四硅氧烷、三氟丙基环五硅氧烷等)、硅氧烷交联聚合物(如三氟丙基聚二甲基硅氧烷/三氟丙基二乙烯基聚二甲基硅氧烷交联聚合物、聚二甲基硅氧烷/苯基乙烯基聚二甲硅氧烷交联聚合物)、双磷脂酰甘油、角鲨烷、透明质酸等。

生产知识小链接——透明变色口红

透明变色口红是棒状变色唇膏的升级配方。通常蜡质体系的唇膏和油脂体系的唇釉很难做成透明的固态，所以选择一款合适的油相增稠剂十分重要。升级配方选用 OleoCraft LP-20(双-硬脂基乙二胺/新戊二醇/硬脂醇氢化二聚亚油酸酯共聚物)作为油结构聚合物，调整不同的添加量，配制出膏体软硬适中且透明的变色球状或棒状口红。对于不同的人来说，其唇部皮肤温度是不同的，唇部组织和唾液的 pH 也略有不同。因此，添加控色原料 Crodafos HCE[油醇聚醚-5 磷酸酯(和)二油醇磷酸酯]可以使得口红在不同使用者唇部显示出不同的色彩。

二、粉底

“手如柔荑，肤如凝脂。领如蝤蛴，齿如瓠犀。螓首蛾眉，巧笑倩兮，美目盼兮。”这是诗经中对齐国公主庄姜的描述和赞美，体现了我国古代的审美观。由此可见，两千七百多年前的古人就喜欢白皙的皮肤。可是，天生丽质的人实在是太少了，于是人们就将米磨成粉用来敷面，从而使肌肤看起来更白一些。不足之处是，米粉在皮肤表面的附着力不好，很容易掉粉。后来，随着炼丹术的发展，人们获得了金属铅，铅粉不但具有更好的增白效果，而且具有良好的附着力。因此，人们将其与米粉、豆粉等混合制成一种新型妆粉，也就是“铅华”。到了秦代，人们又发明了胭脂，用来给两颊增添色彩。虽然铅粉可以让皮肤看起来比较白，但它作为重金属，对人体的健康有很大危害。

我们现在使用的粉饼中近 50%的组分仍然是淀粉类物质，如二甲基咪唑烷酮大米淀粉，也有一些粉饼会使用云母粉。粉饼中的白色颜料主要是氧化锌、二氧化钛、碳酸镁等物质。这些物质除了能让肤色看起来更白，还具有较好的遮盖力，可以盖住那些令人生厌的雀斑和黄褐斑。为了使粉底均匀地涂布在皮肤表面，往往需要加入大量的滑石粉($3MgO \cdot 4SiO_2 \cdot H_2O$)。为了使粉体更好地附着在皮肤表面，需要加入硬脂酸镁、硬脂酸锌、十一烯酸锌等黏附剂。

近年来，市场上又出现了很多新型底妆用品，如粉底液、BB 霜(Blemish Balm Cream)、CC 霜(Color Control Cream)等。其中，粉底液质地较为黏稠，保湿效果好。BB 霜比较厚重，遮瑕能力强，一般兼具隔离防护功能。CC 霜相对来说质地比较轻薄，遮瑕力较弱，但透气性和保湿性较好，可以打造清透自然的妆容，有提亮肤色的作用。从各类底妆产品的配方组成上来说，它们都是由增白颜料、保湿剂、乳化剂、柔润剂、着色剂、增稠剂、防腐剂等物质制成的，有些产品中还会添加具有抗氧化、抗衰老功能的化学物质或动、植物提取物。

生活知识小链接——素颜霜

素颜霜是指提亮肤色的面霜，或称为调色霜。素颜霜之所以能让人涂完以后立即变白，是因为它的主要成分为面霜、二氧化钛等。其中，二氧化钛是一种物理美白成分。有的素颜霜成分中添加了少量的硅，用以填平毛孔，使肌肤看起来更光滑。虽然素颜霜遮瑕能力不如粉底液、BB 霜等产品，但它具有更好的保湿、滋润功能，有些产品甚至具有抗衰老功能。可以说，素颜霜就是护肤品和彩妆的“混血儿”。

三、眉笔

眉毛是精致妆容的点睛之笔，不同的眉形可以给人不同的视觉感受，如有的人看起来“慈眉善目”，有的人看起来“贼眉鼠眼”。因此，从古至今，爱美之人从来不会忽略对眉毛的修饰。不同的历史时期人们对眉毛的审美标准是不一样的：春秋战国时期喜欢“螓首蛾眉”；汉朝时期喜欢“长眉连娟”；唐朝时期比较开放，文化呈现多元化形式，“深遏朱弦低翠眉”“新桂如蛾眉，秋风吹小绿”“芙蓉如面柳如眉”“一双愁黛远山眉”都是描写眉妆的诗句，可见当时社会中“蛾眉”“柳叶眉”“远山眉”都很盛行；到了宋朝，文人墨客提及最多的是“远山眉”；到了明清时期，人们又普遍喜欢“柳叶眉”。

现如今，我们生活在一个更加开放、更加包容的时代，对眉形的审美也是多种多样的。但是一般来说，我们要根据自己的脸型和自身的气质来选择适合自己的眉形。无论什么时代，要获得自己心仪的眉形，除了进行必要的修剪，最少不了的工具就是眉笔。

古人画眉用的“黛”（也称“石黛”）是一种黑色矿物。人们将其磨成粉，用牛骨胶等胶液调制成黛块。画眉时，取黛块磨成粉，加水调和，用毛笔蘸取少许液体画眉。用这种材料画出来的眉毛呈灰黑色。古人也曾将石青、石绿、铜青的混合粉末加胶制成黛块。石青是一种蓝铜矿，石绿的化学成分是孔雀石[$Cu_2(OH)_2CO_3$]，铜青的化学成分为氯化铜，三者都是含铜的矿物质，因此，用这种黛块画出来的眉毛呈绿色。如果想要画出青绿色的眉毛则需使用青黛。先用从木蓝等含靛植物中提取出的蓝色染料经加工制成青黛粉，再加胶调和则制成青黛块，上等青黛为黑中透出蓝绿色。在古代，最名贵的眉黛是螺子黛，其原料是一种骨螺的分泌物，化学成分是二溴基靛蓝。

我们现在使用的眉笔中添加的着色剂多为化学合成染料，如氧化铁（CI77499）、二氧化钛（CI77891）、红色氧化铁（CI77491）、黄色氧化铁（CI77492）及亚铁氰化铁（CI77510）等。此外，眉笔中还会添加硬脂酸、云母、氢化椰油甘油酯类、合成蜂蜡、辛酸/癸酸甘油三酯、氢化大豆油等物质。

四、指甲油、甲油胶与护甲

除使用护肤品保持肌肤的柔嫩白皙外，人们在指甲上也下足了功夫。商周时期的贵族女子用蜂蜡、蛋白等涂抹指甲，使得指甲看起来更透亮、有光泽。唐宋时期流行用凤仙花汁染指甲（将凤仙花瓣捣碎取汁，加入明矾，制成花汁，用丝绵蘸取花汁敷于甲面，再用布条缠绕过夜，多次染色后，数月内颜色不退），指甲色泽艳丽，久不褪色。凤仙花容易种植，因此上至达官贵族，下至黎民百姓都可以使用，这种染指甲的方法一直流传至今。

20 世纪初，受汽车喷漆的启发，人们发明了指甲漆。指甲漆的配方不断优化，就得到了人们现在使用的指甲油。指甲油主要由成膜剂（如硝化纤维素）、树脂（如甲苯磺酰胺甲醛树脂）、增塑剂（邻苯二甲酸酯类）、悬浮剂（如膨润土）、溶剂（如丙酮、乙酸乙酯、乳酸乙酯、苯二甲酸酊类）及色素（如氧化铁等无机色素、有机合成颜料）六类物质组成。成膜剂可在溶剂挥发后形成薄膜；树脂可以增加薄膜的光泽度和附着力；增塑剂可以增加薄膜的柔韧性，防止开裂；悬浮剂可以使颜料均匀分布在指甲油中，防止颜色颗粒聚集。

指甲油在甲面上附着不够牢固，过不了几天就会一块一块地脱落，这时就需要使用洗甲水将残余的指甲油卸掉。洗甲水的主要成分是丙酮等化学溶剂。

甲油胶是与指甲油类似的一款美甲产品，其原料为天然树脂和一些颜料，不含丙酮、苯、甲苯、乙酸乙酯等损害人体健康的有机溶剂，没有刺激性气味，因此更加健康环保。甲油胶需要经紫外灯照射才能固化，在指甲表面形成一层类似塑料的薄膜，这种固定方式获得的甲妆非常牢固，一个月都不会脱落。然而，人的指甲是在不断生长的，用不了几周时间，凝胶甲与甲皱襞之间就会出现明显的间隙。此时需重新做指甲，先将甲油胶打磨至薄薄一层，再用卸甲水清洗。

为了更好地保护指甲，人们发明了护甲，也就是指甲套。最初的护甲是由金、银或铜打造的，没有什么装饰。而清朝时期制作护甲使用的材料除了上述三种金属，还出现了玉、玳瑁、珐琅、玻璃等各种材质。此外，人们采用雕刻、拉丝、镶嵌、焊接等工艺在护甲表面制作出多种多样精美的装饰花纹。这种护甲价格不菲，也是身份、地位的象征，只有皇室和贵族女性才能佩戴。

现在做美甲多使用树脂制成的甲片，可以在甲片上喷色、绘图、添加装饰物，打造出各种精美的假指甲。为了让假指甲与真指甲表面贴合得更牢固，往往需要先将真指甲表面进行打磨，再用胶进行黏合。指甲被磨薄以后会变得比较脆弱，对细菌、真菌及化学物质的防护力下降，因此可能会导致甲床发炎，甚至会患上甲沟炎。

趣味小实验——自制安全无毒的紫甘蓝指甲油

实验用品

原料：紫甘蓝、蒸馏水、吉利丁片、白酒、蜂蜜。

仪器：玻璃棒、容量瓶、恒温水浴锅、指甲油瓶。

实验步骤：

1. 将新鲜的紫甘蓝去除旧叶、干叶，洗净晾干，切碎，加蒸馏水煮沸（或用微波炉加热），过滤，将滤液加热进行浓缩，得紫甘蓝汁，即紫甘蓝色素溶液。

2. 称取 6 g 吉利丁片和 24 g 白酒，常温下浸泡 5 min，用恒温水浴锅加热（80℃恒温），搅拌至完全溶解，立即加入紫甘蓝色素溶液和 6 g 蜂蜜，搅拌均匀冷却后灌装到指甲油瓶中。

第四节　修正人体气味类化妆品

美好的气味能够让人心情愉悦，可以拉近人与人之间的距离。几千年前，我国人民就会用香料熏衣服，用香料制成香囊挂在身上，这种传统一直延续到清朝。到了民国时期，我国才开始普遍使用香水来为自己增香。其实，早在6世纪初阿拉伯人就用蒸馏技术从花中提取出了香精油，而被称作“现代香水之父”的匈牙利香水直到16世纪才问世。到了18世纪，法国人将香精油与乙醇混合制成了香水(注意，虽然名字叫香水，但其溶剂并不是水，而是乙醇)。

早期香水所使用的香精油都是从具有香味的植物或动物体内提取出来的，如玫瑰精油、茉莉精油、薰衣草精油、龙涎香、麝香等。最初的香水中仅含一种香精油，香味比较单一。后来，人们开始将多种香精油混合，制成了香味更加持久和独特的香水。在法国，普通香水中都含有300多种成分，而名牌香水中所含的成分可达500种以上。天然香精油的产量很低，100万朵茉莉花的花蕾才能提取出1 kg茉莉精油。因此，天然香水价格非常昂贵，有人将其称为“液体黄金”。

我们日常生活中所见的价格亲民的各种香水，绝大多数是用人工合成的香料制成的。如洋茉莉醛有类似香水草(俗称葵花、洋茉莉)的香气，主要用于葵花、百合、紫罗兰等多种花香型化妆品，其化学合成方法如图6-2所示。乙酸芳樟酯又名乙酸沉香酯，有类似铃兰、薰衣草等香精油的幽雅香气，是制备高级香精油不可缺少的香料，其化学合成方法如图6-3所示。

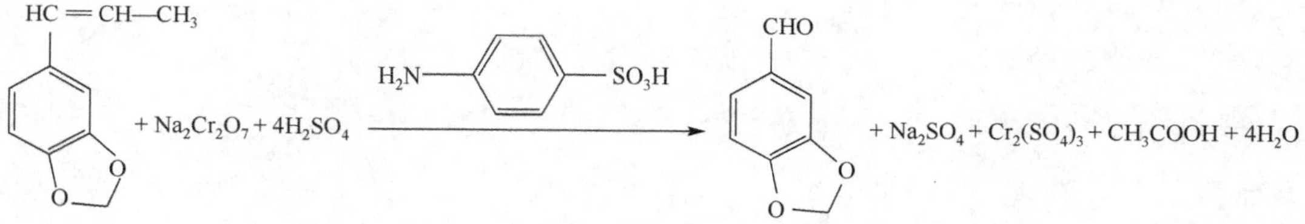

$$\text{异黄樟素 (HC=CH—CH}_3\text{)} + Na_2Cr_2O_7 + 4H_2SO_4 \xrightarrow{H_2N\text{—C}_6H_4\text{—}SO_3H} \text{洋茉莉醛 (CHO)} + Na_2SO_4 + Cr_2(SO_4)_3 + CH_3COOH + 4H_2O$$

图6-2　洋茉莉醛的化学合成方法

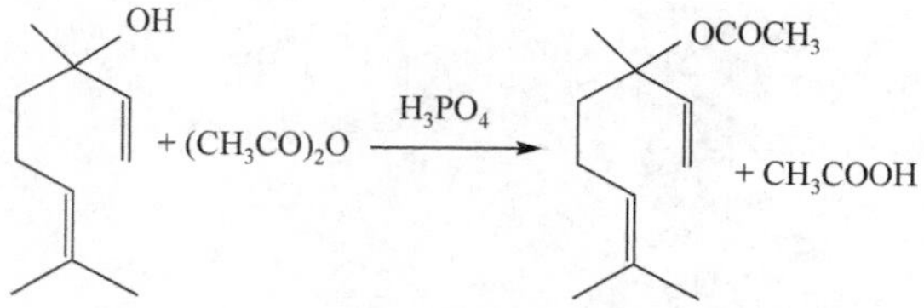

$$\text{芳樟醇 (OH)} + (CH_3CO)_2O \xrightarrow{H_3PO_4} \text{乙酸芳樟酯 (OCOCH}_3\text{)} + CH_3COOH$$

图6-3　乙酸芳樟酯的化学合成方法

趣味小实验——自制橘子香水

实验用品

橘子、筷子、纱布、塑料杯、滤纸、乙醇。

实验步骤

(1)把去皮后的橘子果肉放入量杯，用筷子捣碎，将适量乙醇倒入量杯，混合均匀。

(2)用纱布包裹捣碎的橘子果肉，榨取汁液放在干净的塑料杯中。

(3)将滤纸折成圆锥体放在干净的量杯口，过滤橘子汁，便可制得橘子香水。

思考与讨论

1. 小调查：市面上常见的护肤品品牌有哪些？通过查阅文献，总结我国护肤品的发展历程。

2. 你能说出化妆品成分表里的各种物质在配方中的作用吗？

3. 对比不同价位的各个品牌的面霜(或爽肤水、精华素、乳液、面膜等)的成分表，谈一谈它们的异同点。

第七章　化学与文化用品

在日常的学习和生活中，人们会使用到各种各样的文化用品，从古时人们使用的文房四宝，到现在的橡皮、修改液、颜料和胶水等，无不渗透着化学的影子。那么，这些服务于我们的文化用品是由什么材料制成的呢？本章将揭开文化用品中的化学秘密。

第一节　笔

《古今图书集成》一书中写道："治世之功，莫尚于笔，能取万物之形，序自然之情，实天地之伟器也。"在我国古代的文房四宝中，笔居首位，这里指的是中国传统的毛笔。自笔出现后，它就在传承文明、传播知识、表达思想和沟通交流等方面发挥着重要的作用。如今，出现了功能各异的笔，如铅笔、钢笔、圆珠笔、中性笔等。

一、毛笔

在世界上形形色色的笔中，毛笔是中国独有的品类，是中国特有的书写与绘画工具。毛笔的发明和使用可以追溯到五六千年以前，在中国原始氏族社会晚期仰韶文化的彩陶上，就已经有了使用毛笔的痕迹。毛笔由笔杆和笔毛两部分组成，人们通常把动物毛发黏结在竹管或木管的一端，制成用于书写、绘画的毛笔。根据笔毛的来源不同，毛笔可分为羊毫(软毫)笔、狼毫(硬毫)笔、兼毫笔和胎毛笔四种。羊毫笔写出的字浑厚丰满，狼毫笔写出的字刚劲挺拔，兼毫笔软硬适中。

毛笔的制笔过程通常有以下几个环节：制作笔头、制作笔杆、胶笔头、修捋、刻字。制作笔头的工序一般称作"水盆"，是指在水盆中将毛理顺，去除杂毛和无锋之毛，在此过程中还要将毛脱脂，常用的方法是用石灰水腌沤，去除毛表面的油脂，以增强笔头的耐用程度。在胶笔头时，要先把笔头根部的石灰粉打掉，用丝线扎实，然后蘸取适量的胶黏剂，均匀涂抹在笔杆内壁上，把笔头笔直地栽入笔膛。各地使用的胶黏剂各不相同，一般由松香加入适量的植物油、乳胶、环氧树脂等，使用时均以不掉笔头、不零星脱毛为原则。

科学知识小链接——熟毫：去除动物毛发上的油脂

动物的毛发上沾有油脂及污垢，为了增强笔毛的濡墨能力，在制作时必须除去这些油垢。石灰及草木灰均具有碱性，具有较强的脱脂能力。不同种类的毛料，其处理方法也有所差别，通常分为以下四种。

(1) 石灰水去脂法。《笔经》中记载："采毫竟，以纸裹石灰汁，微火上煮，令薄沸，所以去其腻也。"由此可知，先将石灰水加热至稍微沸腾，然后将整理好的笔毛根部竖置于其中浸泡，可以去除毛料的油垢。此外，也可以用冷石灰水浸泡笔毛去脂。

(2) 水蒸气去脂法。用锅隔水煮沸被纸包裹成漏斗状的毛料，利用水蒸气去脂熟毫。水蒸气熟毫不仅可以去除毛料中的油垢，还可以使毛变得直挺。此外，在去除猪鬃毛料中的油脂时，可以在水中加醋，平衡酸碱度。

(3) 自然去脂法。将毛料放置于自然环境，经过一段时间后亦可熟毫。然而，暴晒后的毛料容易老化，使用寿命会缩短。因此，可以在晚间将整理好的毛料露天放置在室外，使其油脂慢慢自然风化。

(4) 揉擦去脂法。将洗净并挤干水分的毛料放入稻草灰，先用熨斗加热熨烫，再用稻草灰反复揉擦，去除油垢，使毛料变得清爽直挺。

二、铅笔

(一) 石墨铅笔

铅笔的故事要从 16 世纪初说起，英国坎伯兰地区有一个名为凯西克的小镇，当地的居民偶然发现了一种黑色矿物质，它的外表与铅相似，人们称它为"blacklead"，意思是"黑色的铅"。后来，人们发现这种黑色矿物质是石墨。最早的铅笔是由德国化学家法伯制作的。他用水冲洗石墨使其变成石墨粉，然后在其中加入硫黄、锑、松香，发现这种混合物比纯石墨的韧性大且不易脏手，于是将其加工成条状，制成了石墨铅笔。

现在的铅笔芯是由石墨掺合一定比例的黏土制成的，掺入的黏土越多，铅笔芯的硬度就越大，铅笔上标有 Hard 的首字母 H。反之，石墨的比例越大，铅笔芯的硬度就越小，颜色越黑，铅笔上标有 Black 的首字母 B。通常，我们用"H"表示硬质铅笔，"B"表示软质铅笔，"HB"表示软硬适中的铅笔，"F"表示硬度在 HB 和 H 之间的铅笔。儿童写字时常用 HB 铅笔，绘图时常用 6H 铅笔，画画、涂答题卡时常用 2B 铅笔。

科学知识小链接——为何要用 2B 铅笔涂答题卡

答题卡一般是用读卡机扫描批改的。读卡机中装有红外线感应装置，石墨对红外线十分敏感，容易被感应扫描。由于铅笔的石墨含量和硬度不同，所以涂出来的颜色也不同。例如，2H 和 HB 铅笔中石墨的含量较低，涂出来的颜色较浅，不易被红外线感应装置识别，也不易被扫描；6B 铅笔的石墨含量较高，涂出来的颜色较深，易被红外线感应装置识别，但是它易磨出石墨粉，可能会蹭到答题卡的其他位置且被扫描出来，造成成绩错乱；2B 铅笔中石墨的含量适当，涂出来的颜色不深不浅，因此最适合红外线扫描装置识别。

（二）颜色铅笔

现在绘图常用的颜色铅笔也是铅笔的一种，其铅芯的制造方法与石墨铅芯大致相同，不同的是，它的铅芯主要由色料、黏土、滑石粉、油脂和树胶等制成。颜色铅笔以红、蓝铅笔为主，也有成套的颜色铅笔，即每一盒中有各种不同的颜色，也称之为彩色铅笔。

（三）永恒笔

永恒笔是一种不用加墨水，不用换笔芯，使用时间极长，甚至写错了还能擦除的笔，是在石墨中加入合金材料，经过特殊工艺煅烧而成的。这种制作工艺提高了笔芯的硬度和密度，降低了笔与纸张的摩擦力，从而延长了永恒笔的使用寿命，其书写效果类似于HB铅笔。1支永恒笔的书写能力相当于200支普通铅笔，这也无形中降低了对森林资源的破坏，因此它还具有环保属性。

科学知识小链接——可擦笔、自消笔、隐形笔

(1)可擦笔书写后的笔迹在一小时内可以被普通橡皮擦去。制笔时在油墨中加入特种树脂(橡胶)，书写的墨迹易成膜，能被普通橡皮擦去，但一段时间后，就无法被擦除了，能够永久保存。

(2)自消笔书写后的笔迹暴露在空气中会定时褪色、消色。其原因是墨水的显色因子与空气中的氧气发生氧化还原反应，性质发生变化，使墨迹消色。

(3)隐形笔书写后的笔迹用特制的修改液涂擦后会褪色、消色。其原因是特制修改液中的某些成分会与墨水发生氧化还原反应，使墨水的性质发生变化，进而消色。

三、钢笔

钢笔是现代人们普遍使用的书写工具的一种，其主要部件有笔尖、笔握、笔杆、笔帽和用于储存墨水的墨囊。钢笔的笔尖是用含5%～10%铬镍合金的特种钢制成的，这种特种钢材料抗腐蚀性强，不易氧化。为了增强笔尖的耐磨性，制作者还会在笔尖上镶铱金粒。

钢笔主要有蘸水钢笔和自来水钢笔两类。用金合金、铱合金制成笔尖的金笔是钢笔中最上等的笔尖的金笔是钢笔中最上等的，它书写流利、耐腐蚀、弹性好、经久耐用。我国生产的金笔有两种：一种是14K；另一种俗称五成金，也称为12K。钢笔中较经济实用的是铱金笔，笔头用铱合金制成，有较好的耐腐蚀性和弹性，深受广大消费者的喜爱。

历史知识小链接——钢笔和墨水

相传，一百多年前，一位外国商人华特曼在使用鹅毛笔签署合同时，由于鹅毛笔漏墨，导致签约失败，丢掉了生意。这件事后他便决意改造笔。华特曼给笔增加了一个皮囊用来储存墨水，还设计了带毛细管的笔舌和有细小裂缝的笔尖，使墨水可以沿着裂缝慢慢流下，就这样他制作出了最早的钢笔。

最初的墨水是用染料溶于水配制而成的，写出来的字无法长期保存。为了解决这个问题，化学家经过长期的研究，最终发现五倍子等植物中的鞣酸，可以和铁离子生成鞣酸铁，这种黑色的物质可以牢牢地黏附在纸上，用它书写的字迹不会褪色。但是，鞣酸铁不溶于水，使用时会堵塞笔尖，而鞣酸亚铁却能溶于酸性溶液，在空气中会慢慢被氧化为鞣酸铁。若在墨水中加入少量硫酸则可以使溶液保持酸性，但会腐蚀笔尖，于是人们想到用金合金制作笔尖，后来又选择用性能相近、价格低廉的铱合金来制作笔尖。

四、圆珠笔

1943 年，匈牙利科学家格奥尔格和他的兄弟比罗•拉斯洛发明了一种用滚动的微型钢珠作为笔尖的笔，并向欧洲专利局申请了一个新专利，标志着第一种商品化的圆珠笔——Biro 圆珠笔正式诞生。圆珠笔是用油墨配以不同颜料制成的一种笔。油墨大多用胡麻子油、合成松子油、矿物油、硬胶加入油烟等调制而成。圆珠笔的笔头分为笔尖上的球珠和球座体。圆珠笔比一般钢笔坚固耐用，根据书写介质的黏度大小可分为油性圆珠笔、水性圆珠笔和中性圆珠笔。

油性圆珠笔是圆珠笔系列产品的第一代产品，笔头的球珠由黄铜、钢或碳化钨制成。其生产工艺成熟，产品性能稳定，能够长期使用，但书写手感会相对重一些。

水性圆珠笔又称宝珠笔，笔头分为子弹式和针管形两种，其笔头的球珠多采用不锈钢、硬质合金或氧化铝等材料制成，兼具钢笔和油性圆珠笔的优点，书写时手感润滑流畅，字体线条均匀。

中性圆珠笔简称中性笔，其墨水主要由着色剂、溶剂、增稠剂、分散剂及其他添加剂和尾塞油组成。着色剂主要有无机颜料、有机颜料和染料三类，如黑色中性笔使用的墨水就是无机颜料中最常见的炭黑。溶剂多以醇类、有机醚类为主，用来溶解墨水中的着色剂。常用的增稠剂主要有天然胶质物和有机合成物，可以增强墨水的稠度和黏度。分散剂常用聚丙烯酸盐类、磺基琥珀酸类和聚氧乙烯(芳基)醚类等，其目的是使墨水形成分散体系。尾塞油是一种液体活塞，可以封住中性笔管，防止墨水倒流。中性笔墨水的黏度介于水性圆珠笔和油性圆珠笔之间，兼具自来水钢笔和油性圆珠笔的优点，书写手感舒适，书写的比普通油性圆珠笔更加顺滑，深受人们的喜爱。

科学知识小链接——修改液

修改液，又称修正液或涂改液，是由美国人贝蒂•奈史密斯•格莱姆于 1951 年发明的。修改液是用白色不透明颜料，混合三氯乙烷、甲基环己烷、环己烷等有机溶剂制成的，属于液体，涂在用钢笔或圆珠笔书写的错字上，可以将其遮盖，干涸后可于其上重新书写。

现代修改液主要由遮盖剂、成膜剂、香精和有机溶剂四部分组成。遮盖剂的主要成分是钛白粉和锌钡白，起覆盖字迹的作用；成膜剂的主要成分是聚乙酸乙烯等酯类，起黏附、分散遮盖的作用；香精会产生令人愉悦的气味；有机溶剂主要有苯、甲苯、二氯甲烷、二氯乙烷、三氯乙烷等，易挥发，可以使修改液快速干燥。修改液中的有机溶剂挥发进入人体，会对呼吸道产生刺激，还会对肝脏、肾脏等造成长期的慢性危害，应尽量减少使用。

第二节　纸

造纸术是我国古代四大发明之一，纸的发明大大促进了文化的传播和发展。纸是用纤维和辅助材料加工制成的。造纸工业的原料主要是以竹和木为主的植物纤维，一般要经过化学制浆、打浆并加入胶、染料、填料、抄纸、烘干等工艺。按原料不同，一般可将纸分为棉浆纸、木浆纸、草浆纸、竹浆纸和混配浆纸等；按生产方式不同，可将纸分为手工纸、机制纸；按用途不同，可将纸分为印刷纸、书写纸、绘画纸、包装纸、生活用纸等。

从总体上看，我国境内每年产纸总量中的 99%以上是机制纸，约 1%是手工纸。手工纸和机制纸不仅使用的原料不同，制造方法和应用领域也不同。手工纸使用的原料是韧皮纤维和草浆，通常是用氢氧化钠制浆，能够较为彻底地去除木质素和色素，一般呈碱性，纸面柔和，质地软而轻，吸水性较强，宜使用毛笔书写。而机制纸以木头、废纸或草浆为原料，通常用亚硫酸处理，木质素和色素不能彻底去除，含有较多的杂质，一般呈酸性，纸面质地较硬而重，吸水性较弱，宜使用硬笔书写。

一、宣纸

宣纸是我国古代文房四宝之一，是中国传统的书画用纸，原产于安徽省宣城泾县，以府治宣城为名，故称宣纸。宣纸不同于一般的书画纸，它是以青檀皮纤维为主要原料(后配以沙田稻草)手工抄造而成的，青檀的皮部纤维丰富，容易漂白。宣纸外观洁白如玉，具有极好的润墨性、耐久性、形隐性和抗蛀性，因此享有“纸中之王、纸寿千年”的美誉。

按用途不同，宣纸可分为生宣(生宣纸，适用于泼墨、写意画)、熟宣(熟宣纸，适合于工笔画)和加工宣(多用于装饰)。按配料不同，宣纸可分为特净皮、净皮、绵料。除了题诗作画，宣纸还是保存高级档案和史料的最佳用纸，我国流传至今的大量古籍珍本、名家书画墨迹，大多以宣纸形式保存。

二、新闻纸

新闻纸，俗称白报纸，通常用来印刷报纸和书刊杂志。一般采用 90%以上的机械木浆和 10%以下的漂白化学浆抄造而成，含有大量的木质素和其他杂质，抗水性差，不宜书写和长期存放。新闻纸的纸面平滑、纸质松软，一般不施胶，拉伸度和不透明度高，对油墨的吸收力强。此外，印报纸的油墨中含有 0.1～1.0 mg/kg 的多氯联苯(PCB)，其化学性质稳定，进入人体后难以排出体外，储存量达到 0.5～2 g 就会引起中毒，因此不能用报纸包裹食品。

科学知识小链接——报纸放久了会变黄，而书变黄的速度却很慢

不同的纸，其原料和制造工艺也不同。制造报纸、牛皮纸使用的是机械纸浆。纸浆中含有较多木质素。木质素暴露在空气中很快会被氧化，形成发色团而显出特定的颜色，从而使报纸变黄。而印刷书籍用纸使用的是化学纸浆。处理后的纸浆中大部分木质素都被去除，但也有残留，因此书籍也会变黄，但不会像新闻纸那样很快变黄。

三、书写纸

书写纸的纸张色泽洁白、纸面平滑、质地紧密、书写流利，具有一定的耐折度和耐水性，是日常生活和学习中书写用的纸张，也可以用于打印，通常以漂白化学纸浆为原料抄造压光而成。书写纸一共分为 A、B、C、D 四个等级，第一种用作可供长期保存的账册和书写制品，后三种则用作练习簿、演草纸等制品。

四、复写纸

复写纸一般用于书写或打印一式多份的文件、单据、发票等。根据其发展时代、生产工艺及特点大致可分为普通复写纸、涂碳复写纸、无碳复写纸和干式复写纸四大类。

普通复写纸也叫印蓝纸，是将一种易于脱离的油溶性涂料涂到原纸上，经过冷却、陈化、晾干而制成的纸，一般有黑色、蓝色、红色几种。普通复写纸能够多次复写，保存时间长，使用时把它夹在两张纸中间，靠复写或打印压力将色素转移到待复写的纸上，使用灵活，但容易脏手，不具备防伪功能。

涂碳复写纸的发色原理与普通复写纸相似，把复写纸粘在纸张的背面，无须衬垫，可以直接使用。

无碳复写纸又名压敏复写纸，常见的偶合型无碳复写纸是一种化学反应型的涂布加工纸：在纸的背面涂微囊涂料制成上纸；在纸的正面涂显色层涂料制成下纸；正面涂显色涂料，背面涂微囊涂料制成中纸。三种纸页配合使用，在受到外力后发生染色反应，进而显色，起到复写作用。

干式复写纸是我国自主开发的专利产品，其正面为白色，背面涂有有色转移涂层，复写后的字迹难以涂改，能够长期保存不褪色，具有极强的防伪性。

五、铜版纸

铜版纸又称涂布印刷纸，是在铜版原纸表面涂布一层白色涂料，经过超级压光加工而制成的一种高级印刷纸。铜版原纸是采用单层或双层抄造工艺加工而成的；涂料主要包括高岭土、碳酸钙、乳胶、涂布淀粉、分散剂、增白剂及其他助剂。铜版纸有单面和双面两种，纸表面光滑、洁白度高、吸墨着墨能力强，但遇潮后粉质容易粘黏、脱落，不能长期保存。

六、印钞纸

印制钞票所用的纸张是由国家特许生产并严格控制的，是一种坚韧、光洁、挺括、耐磨的印钞专用纸。印钞纸耐折耐用、不易起毛、不易断裂。其制作原料以长纤维的棉、麻为主，也可以加入各个国家特有的产物或一些人工配制合成的特殊标志物。有的国家还研制并应用塑料来代替印钞纸，如 1988 年澳大利亚的银行曾发行了一种塑料 10 元券，耐折、耐磨、耐撕裂、耐污染，从不同的角度对其进行观察时，其颜色还会发生变化。

科学知识小链接——不同功能的纸

(1) 静电记录纸，将高分子电解质作为导电处理剂涂布于基纸表面，再涂布一层高电阻记录层而制得。

(2) 晒图纸，一种化学涂料加工纸，在原纸上涂布感光涂料即可制得，专供各种工程设计、机械制造晒图用。

(3) 照相纸，又称感光纸，将溴化银涂布于上等纸表面，按与胶卷相同的程序进行感光、显影和定影，在使用时利用的是卤化银见光分解的特性。

(4) 防水纸，俗称蜡光纸、油纸，将瓷土、钛白粉或二氧化硅均匀涂布于普通植物纤维纸表面，书写后覆盖石蜡或干性油，防止水浸。

(5) 防火纸，用防火剂（如溴化物）将普通书写纸进行防火处理，在纸张遇热时，阻止纤维与纸张的接触，使其不会被立即焚毁，用于印刷重要文件。

(6) 水写显色纸，先在基纸表面涂布一层着色涂料，再以白色涂料罩面，就制成了能以水代墨书写显色的纸。水写显色纸可供学习毛笔书画使用，可以节约纸张和墨水。

第三节　墨

字之所以能印或写到纸上是因为含有墨或染料的液体可以渗进纸的毛细管中，从而显色。墨是传统书写与绘画必不可少的碳素颜料，可分为块墨、墨水和油墨三种。

一、块墨

墨是非晶质形态的碳，化学性质稳定，加水在砚台上研磨可以产生墨汁，用其书写的字画可以长久保存。块墨的主要原料是炭墨烟、动物胶和防腐添加剂等。炭墨烟是收集有机碳氢化合物不完全燃烧产生的黑烟而制成的；动物胶是从动物的皮或骨中提取的一种胶原蛋白质；防腐添加剂可以防止动物胶生霉，改善块墨的气味、色泽或黏度。块墨是我国文房四宝之一。例如著名的徽墨，高档徽墨中的超漆烟是由桐油烟、麝香、冰片、公丁香、黄金等名贵原料制成，其墨色能分出浓淡层次，落纸如漆，万载存真。

化学知识小链接——砚石的化学成分

砚是磨墨的工具，至今已有四五千年的历史，是我国文房四宝之一。端砚、歙砚、洮河砚和澄泥砚被称为中国的“四大名砚”。

砚石是指能用于制砚的矿物集合体。按其物质组成不同，砚石可分为硅酸盐类和碳酸盐类两类；按其岩性不同，砚石可分为沉积岩和变质岩两类。单层厚度较大的沉积岩和变质岩才能用作砚石，该类岩石主要由硬度较低、粒度细小的黏土矿物和方解石组成，并含有一定比例硬度较高的次要矿物。例如，歙砚石为含绿泥石的云母质板岩或千枚岩，为层状结构，其中含有35%～40%的绿泥石、25%～30%的多硅白云母、25%～30%的石英、2%～3%的长石，还有少量电气石、锆石和炭质。端砚石为含赤铁矿的水云母泥质岩或板岩，其中含有86%～97%的以水云母为主的黏土矿物、3%～5%的赤铁矿、1%～2%的石英、1%的方解石，以及微量的电气石、金红石、锆石等矿物。

二、墨水

墨水是一种含有色素或染料的液体，常被用于书写或绘画。按制备的原料不同，墨水可分为色素墨水、染料墨水和颜料墨水三类。人们常用的书写墨水有蓝黑墨水、纯蓝墨水、黑色墨水和碳素墨水。

蓝黑墨水，即鞣酸铁墨水，呈酸性，遇碱变质，书写后的字迹颜色由蓝变黑，用于书写一般文件和文书档案，字迹牢固，可长期保存。纯蓝墨水的主要成分是染料、苯酚、甘油等，用硫酸作为稳定剂，遇碱变色，书写的字迹鲜艳、色泽纯蓝，主要供自来水笔和蘸水笔使用，适用于一般书写。黑色墨水的主要成分是染料、苯酚、乙二醇等，呈碱性，书写的字迹深黑醒目，适用于书写笔记和钢笔书法作品。碳素墨水的主要成分是炭黑、苯酚、甘油、乙二醇等，书写的字迹耐水、永不褪色，适用于书写档案，如今人们常用的中性圆珠笔灌注的就是这种墨水。

趣味小实验——指示剂型隐形墨水的制作与使用

实验原理

花青素是存在于植物中的一种水溶性色素，其颜色会随着溶液酸碱性的变化而发生变化，是一种天然的酸碱指示剂。如葡萄皮中的葡萄皮色素，在pH值为1～6的范围内呈红色，在pH值为7～9的范围内呈浅红色，在pH值为10～14的范围内呈蓝色或深蓝色。

实验用品

葡萄皮、60%的乙醇溶液、白醋、小苏打溶液、纸、棉签。

实验步骤

(1)提取花青素：将葡萄皮与果肉分离。称取40 g葡萄皮，放入100 mL 60%的乙醇溶液中，浸泡 5 min，放入布氏漏斗中过滤，所得滤液为葡萄皮花青素溶液，可作为指示剂型隐形墨水。

(2)先用棉签蘸取指示剂隐形墨水在白纸上写字，晾干，然后分别用棉签蘸取白醋、小苏打溶液进行涂抹，观察字迹的颜色变化。

三、油墨

油墨是具有一定流动性的浆状胶黏体，主要由色料、联结料、助剂和溶剂组成。色料包括颜料和染料，不仅可以使油墨具有不同的颜色和浓度，还可以使其具有一定的黏度。联结料是由少量天然树脂、合成树脂、纤维素和橡胶衍生物等物质溶于干性油或溶剂中制得的，具有一定的流动性。常用的助剂有填充剂、稀释剂、防结皮剂、防反印剂、增滑剂等。油墨的颜料和助剂中含有大量的铅、汞等重金属，会对人体造成危害。此外，印刷油墨还含有芳香烃类溶剂，如甲苯、二甲苯等，会伴随油墨的干燥而挥发到空气中，不仅会污染空气，还会损害印刷工人的身体健康。

第四节　橡　　皮

橡皮的原料是橡胶或塑胶，在使用时利用其摩擦力、弹性和黏性擦掉石墨或墨水的痕迹。橡胶的分子链可以交联，交联的橡胶受外力作用发生变形后可以迅速复原，具有良好的稳定性。塑胶是由高分子合成树脂(聚合物)和一定量的辅料或添加剂制成的，在特定的温度和压力下具有可塑性和流动性，可以被模塑成各式各样的形状，且在一定条件下形状保持不变。橡皮的种类繁多、形状各异、色彩丰富，由聚氯乙烯和配合剂构成的塑料橡皮由于其擦字性能优异、使用方便，已成为橡皮中的主流产品。

科学知识小链接——为什么塑料尺子和橡皮长时间接触后，表面会“溶解”

塑料橡皮里添加了增塑剂，增塑剂是一种油状的有机溶剂，能够溶解塑料使其变软。当橡皮和塑料尺子接触时，由于两者的成分十分相似，会发生相溶现象。特别是透明或半透明的塑料尺子，这种尺子的内部分子结构相对来说比较疏松，空隙很多，更容易发生相溶。不光是尺子，只要是塑料做的东西，都有被橡皮“溶解”的危险。此外，温度越高，分子运动越快，这种现象就越明显。

第五节　胶　　水

胶水是能够粘接两个物体的物质，必须涂在两个物体之间才能发挥粘接作用，且这种粘接作用具有不可逆性。胶水中含有高分子体，其粘接作用主要是靠高分子体之间的拉力来实现的。在胶水中，高分子体以水为载体，慢慢地浸入物体的内部，当胶水中的水分消失后，高分子体就依靠相互间的拉力，将两个物体紧紧地结合在一起。根据胶水的化学构成可以将其分为两大类。一类是有机胶水，包括天然胶水和合成胶水。早期使用的天然胶水主要是植物胶和动物胶；合成胶水主要有橡胶、树脂和复合型胶水三种类型。另一类是无机胶水，其化学构成有硫酸盐、磷酸盐、硼酸盐等物质。

在学习和生活中常用的胶水主要有液体胶和固体胶两类。普通液体胶水的成分主要是水，添加部分聚乙烯醇(PVA)、白乳胶、硬脂酸钠、滑石粉、尿素、乙二醇、蔗糖和香精等。PVA 是线型分子，每个分子单元中有一个羟基，可以和纤维素分子中的羟基产生黏附力，从而实现黏接。

固体胶的主要成分包括胶黏剂、凝胶剂、溶剂及保水剂，还可以根据需要加入各种添加剂，如香料、香精、改性剂等。胶黏剂作为胶水的主体原料，起黏合作用；凝胶剂可以将液态的胶黏剂凝结成固态；常用的保水剂有甘油、乙二醇等，可以防止因水分挥发而导致胶体结块无法使用。相比于液体胶，固体胶制作简单、使用方便、黏结牢固，适用于纸的黏接。

第六节　颜　　料

颜料是指能使物体染上颜色的物质。颜料有天然颜料和合成颜料之分，有无机颜料和有机颜料之别。天然颜料是指从天然存在的矿物、植物或动物中提取的物质通过研磨、洗涤、过滤或加热后直接获取的颜料；合成颜料是通过工业化学过程合成的，其特性得到了显著改变。无机颜料是无机化合物，一般不含碳元素，通常是含一种或多种金属、稀土元素的氧化物或硫化物；有机颜料是含有发色团的有机化合物，主要包括偶氮颜料，酞菁颜料等。

依据这两个标准，可以将颜料分为四类：第一类是天然无机颜料，是从天然矿物中提取的天然无机色素，其持久性和耐光性较差；第二类是合成无机颜料，是通过工业方法将化学物质和天然矿物结合而成的，提高了颜料的持久度；第三类是天然有机颜料，是从动物或植物中提取而成的，其耐光性差，使用范围较小；第四类是合成有机颜料，通常由石油化合物制成，与植物或动物着色剂的化学成分相似，其耐光性极好。

从应用的角度来看，颜料大致可分为以下三类。

一、水彩颜料

水彩颜料泛指颜料色粉在水溶液中调制而成的颜料，主要成分是颜料色粉与其他结合剂，如填充剂、胶固剂、润湿剂、防腐剂等。颜料色粉是具有颜色属性的化合物，是悬浮的微小颗粒的分散体，着色强烈的颜料在制作时必须用载体加以稀释；填充剂主要是指各种白色颜料或小麦淀粉等；常用的胶固剂有糊精、树胶等，可以使颜料成为黏性液体，能够附着在纸张表面；润湿剂一般是糖浆、蜂蜜或甘油，以保证颜料处于湿润状态；防腐剂通常使用的是苯酚或福尔马林。

二、油画颜料

油画颜料是指专用于油画制作的颜料，是一种复合材料，通常以矿物、植物、动物或化学合成的颜料色粉与载色剂搅拌研磨而成。从材料的角度看，油画颜料的组成成分与涂料类似，也是由连接剂(成膜物质)、溶剂、助剂、颜料色粉组成的。连接剂又叫媒介剂，主要是干性植物油，如亚麻油、核桃油、罂粟油、红花油等；溶剂主要有两类，一类是植物油(如松节油)，另一类是由矿物油提炼的石油合成溶剂(如汽油)；助剂主要有催干剂和增稠剂。油画颜料附着于某种材料上可以形成具有一定可塑性的颜料层，运用不同的工具可以在颜料层上形成各种形痕和纹理。

三、国画颜料

国画颜料也叫中国画颜料，是国画的专用颜料。传统国画颜料的主要原料有矿物、植物、动物等，一般是通过粉碎、水漂、研磨、下胶、沉淀等工艺生产制作而成的。国画颜料色彩光泽度高，遮盖力强，具有优良的耐光性、耐热性和耐氧化性，不易与其他物质发生反应，有利于绘画作品的长久保存。中国传统国画颜料主要分为天然矿物颜料和天然植物颜料两大类，从使用历史上讲，先有矿物颜料，后有植物颜料。例如，朱砂、石青、雄黄、滑石、石绿等都是天然矿物颜料，这种颜料不易褪色、色彩鲜艳；而胭脂、茜草、藤黄、紫铆等是从树木、花卉中提炼出来的，属于天然植物颜料。

思考与讨论

1．中性圆珠笔的墨水中有哪些成分？分别起什么作用？
2．中性圆珠笔与蘸水笔、钢笔相比较有什么不同？
3．为什么不能用报纸包装食物？
4．还可以利用什么材料或物质来制作隐形墨水？

第八章　化学与能源

能源是指能够提供能量的物质资源，是人类生存发展不可或缺的物质。按照来源不同，能源可分为一次能源(天然能源)和二次能源。一次能源是指存在于自然界，可直接获得而无须改变其形态和性质的能源，包括风能、水能、太阳能、地热能、生物能、潮汐能等；二次能源是对一次能源加工得到的产品，它与矿物能源(如煤炭、石油、天然气和核燃料等)一起被称为非再生能源。能源的开发和利用，推动了人类社会的进步，促进了现代文明的发展。随着人类文明程度的提高，人类对能源的依赖程度也越来越高。

目前，煤、石油和天然气等化石燃料是人类生产和生活使用的主要能源，这些燃料储量有限。随着全球能源使用量的增长，化石燃料会日益枯竭，并对环境产生严重影响。这就迫切要求人们开发氢能、核能、风能、地热能、太阳能、潮汐能等新能源。

第一节　柴草时期人们使用的能源

从火的发现到 18 世纪工业革命，这个时期称为柴草时期。火的发现和利用结束了原始人类茹毛饮血的生活方式，促进了人类体质的发展。火的本质是物质燃烧产生的光和热，是能量的一种表现形式，而燃烧则是一种发光放热的化学反应。除了利用火，在这个时期，进行生产和生活的能源主要靠人力、畜力及来自风和水的动力。例如，用木柴烧饭取暖，用水车和风车推动磨盘，用牲畜拉犁等等。这些能源都是可以再生的。

一、太阳能

太阳能是太阳以光的形式向宇宙空间辐射的能量。在高温高压条件下，太阳内部不断进行着由氢核聚变为氦核的热核反应，释放出巨大的能量。人类所需能量的绝大部分都直接或间接地来自太阳。植物通过光合作用释放氧气，吸收二氧化碳，并把太阳能转变成化学能储存在植物体内。现在的煤炭、石油、木材其实也都是储存在地球上的太阳能。广义上的太阳能也包括地球上的风能、化学能、水能等。

太阳能是取之不尽且无污染的天然能源，但太阳能的能流密度较低，具有间歇、不稳定等缺点。在能源使用的总趋势下，利用太阳能的成本在不断下降，因此太阳能在未来能源结构中的比例将逐渐增大。

科普知识小链接——将太阳能转化为热能和动能的案例

人类利用太阳能的历史悠久。据记载，公元前 215—公元前 212 年，希腊科学家阿基米德曾利用太阳能击败了敌人。他借助镜子把强烈的太阳光反射到敌人舰队的船帆上，使敌船起火。这可能是人类第一次直接利用太阳能的案例。

早在公元前 1 世纪埃及的亚历山大城曾利用太阳能加热空气。受热膨胀的空气产生的动力，能把河水抽到较高处，并用于农田的灌溉。

这些是最早将太阳能转化为热能和动能的案例。

二、风能和水能

风能是指在空气流动过程中产生的能被人类利用的能量总称。风能也是太阳能转换的一种形式，风就是水平运动的空气。空气之所以可以运动，是由于地球上各纬度所接受的太阳辐射强度不同造成的。风能作为重要的动力，可用于船舶航行、农田灌溉、磨盘磨面等。

水能是指河川水流、海浪、潮汐等蕴藏的巨大动能和势能。因此，水能是一种清洁、廉价的可再生能源。水能早在三千多年前就被人类认识和开发利用，如人们发明了利用水力提水灌溉的水车和碾米磨粉的水磨。

风能和水能经常被一起利用，最早可追溯到冶铁时期。铁是一种熔点较高的金属，很难将其熔化为液体。早期的炼铁炉冶炼不出生铁。如何提高炼铁炉的温度一直是困扰欧洲冶铁行业的大问题。直到中世纪中期发明了水力鼓风炉，这个问题才得以解决，鼓风主要是提供足够的氧气参与反应。

炼铁的原理是焦炭与氧气反应：$2C+O_2 \overset{点燃}{=\!=} 2CO$。

CO 还原矿石中铁的氧化物：$3CO+Fe_2O_3 \overset{高温}{=\!=} 2Fe+3CO_2$。

我国很早就开始利用风能和水能。东汉时期，利用水力推动制作的排成一排的鼓风器，就是对水能的利用。

风能是一种可再生的清洁能源，它储量大、分布广，但是由于能量密度低且不稳定，所以利用风能除了有地区限制，还需要一定的技术条件支持。水能也是一种可再生的清洁能源，但是水能受气候、地貌等自然条件影响较大，而且水资源也容易被污染。

历史知识小链接——古书中关于水排的记载

“其制，当选湍流之侧，架木立轴，作二卧轮。用水激下轮，则上轮所用弦通缴轮前旋鼓，棹枝一侧随转。其棹枝所贯行桄而推挽卧轴左右攀耳，以及排前直木，则排随来去，搧冶甚速，过于人力”。——节选自《王祯农书》

“造作水排，铸为农器，用力少，见功多，百姓便之。”——节选自《后汉书·杜诗传》

第二节　煤炭时期人们使用的能源

18 世纪中叶，人们开始大规模开采煤炭。1776 年，瓦特发明了蒸汽机，煤炭作为蒸汽机的动力之源而备受关注，这个时期称为煤炭时期。由于冶金工业、机械工业、交通运输业、化学工业等的高速发展，煤炭的需求量剧增，直到 20 世纪 40 年代末，煤炭在世界能源消费中仍占首位。

一、煤炭

煤是一种可燃物，是由远古时代的植物经过复杂的化学作用转变而成的固体可燃物。煤炭被人们誉为“黑色的金子”“工业的食粮”，它是 18 世纪以来人类世界使用的主要能源之一。煤炭是世界上最丰富的化石燃料，约占世界化石燃料资源的 75%。煤有无烟煤、烟煤和褐煤三大类。

二、煤炭的形成

虽然人类认识和利用煤炭的历史比较悠久，但是对于煤炭的形成过程却并不知情。直到 18 世纪，考古学家通过研究在煤层和煤层附近发现的大量古代植物化石才揭开了煤炭的神秘面纱，证明了煤炭是由远古时期的植物遗体经过一系列复杂的生物化学和物理化学变化演变而来的。

化学观点认为煤的形成先后经历了泥炭化阶段、煤化作用阶段及变质阶段。首先，埋在沼泽里的植物遗体，由于与空气隔绝，甚少被细菌分解，久而久之就被泥炭化。在此过程中，植物残体在厌氧菌的缓慢作用下部分分解，转变为水、二氧化碳和甲烷，同时会形成一种新的有机酸——腐植酸。接着，在地热和压力的作用下，泥炭层被压实，再经历一系列的变化后形成褐煤。从褐煤的组成来看，其含碳量有所提高。然后，随着地壳继续下沉，褐煤在地热和压力的作用下继续被压实、失水，其组成、结构和性质进一步发生变化，此时所有的腐植酸均转变为中性的腐殖质，褐煤变质成为烟煤，含碳量进一步提高。最后，随着煤层继续下沉，其周围环境温度继续升高，烟煤继续发生更高程度的变质，在经历脱水、脱甲烷等反应后就得到了无烟煤。无烟煤是煤化程度最高的煤，含碳量最高，又称为优质煤。

三、煤炭的组成

煤炭的组成主要分为有机质和无机质。其中，有机质主要是碳、氢、氧(占 95%以上)和少量的氮、磷、硫等元素组成的化合物；无机质主要是水和一些矿物质，大多数都属于煤炭中的有害成分，会降低煤炭的质量和利用价值。

在煤炭燃烧过程中会产生二氧化碳、水和氮氧化物，其中，生成二氧化碳和水的过程会产生大量的热，生成氮氧化物的过程不产生热量，通常会以游离状态析出，在高温条件下可生成氨气和其他含氮化合物。若将后者回收起来可用于制造硫酸铵、尿素等肥料。硫、磷、氟、氯、砷等是煤中的有害元素。在煤炭燃烧过程中，硫元素会转变为二氧化硫，后者会与空气中的水反应形成亚硫酸，亚硫酸被氧化就会成为硫酸，进而形成硫酸型酸雨。酸雨不仅会腐蚀金属设备和建筑，而且会污染环境，危害动、植物的生长繁殖。因此，要减少二氧化硫的排放，可以将煤炭预先脱硫，同时用碱液来吸收煤炭燃烧时排放的二氧化硫废气。

四、煤炭的结构

煤炭的有机大分子结构是由多个结构相似的“基本结构单元”连接而成的，如图 8-1 所示。在煤炭的有机大分子结构中，无机矿物被有机大分子填充和包埋，从而形成复杂的天然“杂化”材料。

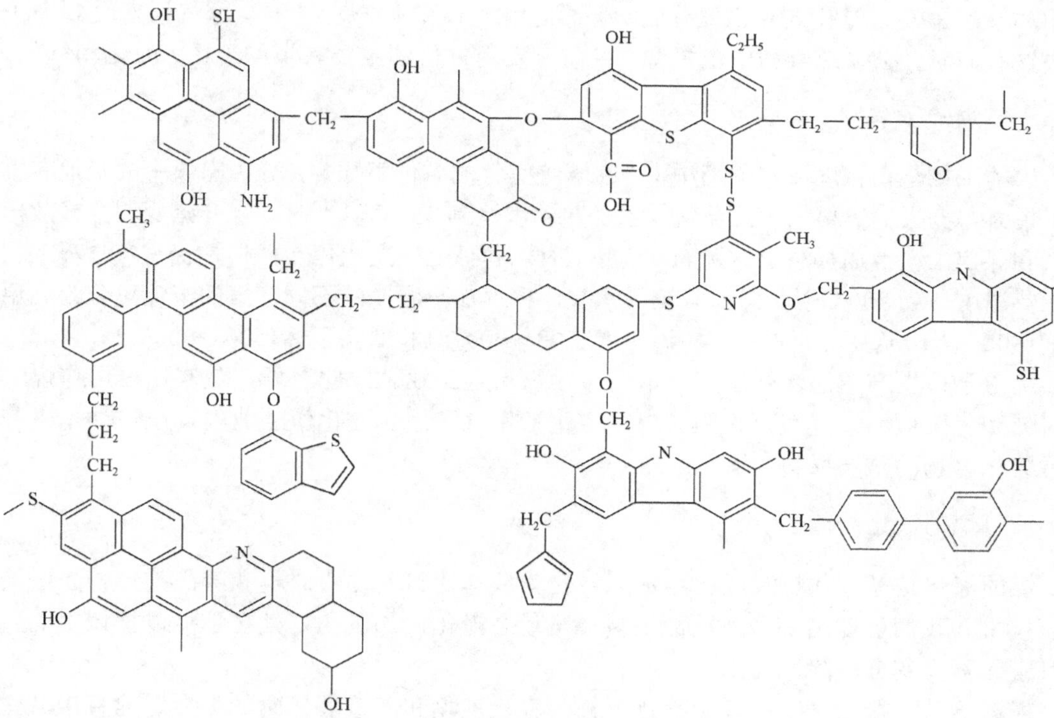

图 8-1　煤炭的有机大分子结构

历史知识小链接——中国古代对煤炭的开采和使用

中国是历史上第一个开采和使用煤炭的国家。早在春秋战国时期，就已经发现并开采了煤炭。煤炭在古代被称为石炭、石墨、石薪等。在古书中也经常可以看到它的踪迹。

“向者煤炱入甑中，弃食不祥，回攫而饭之。”——《吕氏春秋》

“西南三百里，曰女床之山，其阳多赤铜，其阴多石涅。”——《山海经》

“丰城县葛乡有石炭二百顷，可燃以炊爨。”——《豫章记》

“黍酝盈瓢终寡味，石薪烘灶信奇功。”——《冬至雪二首》

“左丞相脱脱奏曰：‘京师人烟百万，薪刍负担不便。今西山有煤炭，若都城开池河上，受金口灌注，通舟楫往来，西山之煤，可坐致于城中矣。’遂起夫役，大开河五六十里。”——《庚申外史》

五、煤炭的用途

煤炭最主要的用途是作为燃料提供热量和动力。火力发电主要是靠燃煤产生的热能转化为电能。这种发电方式目前在我国发电结构中占比很大，也是世界各国获取电能的主要方式。另外，煤还可以作为焦炭炼铁的原料。但是，煤炭的直接燃烧会造成非常严重的环境污染，二氧化硫和氮氧化物会形成酸雨，二氧化碳会导致全球气候变暖。为了解决这些问题，必须综合利用煤资源，目前有实用价值的主要有煤的干馏、液化和气化。

（一）煤的干馏

煤的干馏是指将煤放到干馏炉中，在隔绝空气的条件下加热，分离出煤中的其他有机物，最终得到人类需要的化工原料。当加热温度达到350℃以上时，煤开始变软并释放出煤气和煤焦油；当加热温度达到550℃以上时，固体已经变成焦炭，但是仍有气体释放；当加热温度达到900℃以上时，只剩下焦炭。根据加热温度的不同，煤的干馏可分为高温干馏（900～1 100℃），即焦化；中温干馏（700～900℃）和低温干馏（500～600℃）。

高温干馏生产的焦炭强度高，适用于钢铁冶金工业。除此之外，焦炭还可用作煤气化材料和化工原料。煤气可作为城市管道生活用气使用。在化学工业中，煤焦油是生产芳香族化合物的重要原料。

（二）煤的液化

煤的液化是把固体煤炭经化学加工转化为液体燃料、化工原料和产品的一种先进洁净煤技术。我们可以用许多方法给煤炭加氢使之液化，加氢的好处在于可以把煤中的硫等有害元素及灰分脱除。

根据不同的加工路线，煤炭液化可分为直接液化和间接液化两大类。煤的直接液化又叫加氢液化，是将煤在高温（400℃以上）、高压（10 MPa 以上）条件下与氢反应获得液体油类的一种工艺。在此过程中，煤因受热而分解，其大分子结构中较弱的化学键断裂，产生大量相对分子质量较小的自由基碎片。在特定的溶剂、催化剂环境和高温、高压条件下，上述自由基碎片与氢自由基反应得到沥青烯和液化油分子。沥青烯和液化油分子继续加氢可以裂解得到更小的分子。加氢液化所得的油类物质经过精制可获得汽油、柴油等产品。

煤的间接液化是先将煤全部气化，得到以一氧化碳、氢气为主的合成气，再以合成气为原料合成液体燃料和化学品的一种工艺。通过煤的间接液化不但可以获得汽油，而且可以获得乙烯、甲醇、乙醇等重要的有机化学原料。

(三)煤的气化

煤的气化就是在特定条件下，将固体煤转化为煤气(一氧化碳、氢气、甲烷等可燃性气体的混合物)的过程。原料主要是煤、半焦或焦炭。煤的气化过程包括干燥、燃烧、热解及气化。煤在加热过程中先受热失水被干燥。随着温度升高，煤发生热分解反应，生成干馏煤气、焦油、热解水等，同时煤被烧结成半焦。接着，在更高的温度下，半焦与气化剂发生反应，生成粗煤气，即一氧化碳、氢气、甲烷，以及二氧化碳、氮气、硫化氢、水等。

科普知识小链接——洁净煤技术

洁净煤技术是为了减少污染和提高燃烧效率的煤炭加工、燃烧、转换和污染控制新技术的总称。洁净煤技术的目的是最大程度地利用煤炭，将释放的污染物控制在最低水平，实现煤的高效、洁净。传统意义上的洁净煤技术主要是指煤炭的净化技术及一些加工转换技术，即煤炭的洗选、配煤、型煤，以及粉煤灰的综合利用技术。目前所说的洁净煤技术是指高技术含量的洁净煤技术，发展的主要方向是煤炭的气化、液化、煤炭高效燃烧与发电技术等。

第三节 石油时期人们使用的能源

1859 年，美国人德雷克在宾夕法尼亚州钻出世界上第一口现代意义上的油井。20 世纪初，在美国、中东、北非等地区相继发现大油田及伴生的天然气，石油便被大量开采。随着炼油工艺的提高，石油成为能源消费的主流，石油时期也就此拉开了帷幕。

一、石油

石油被称为“工业的血液”。它除了是重要的化工原料，还与我们的衣食住行都有直接或间接的关系。

(一)石油的组成和分类

石油是碳氢化合物的混合物，主要含碳、氢两种元素，氧、硫、氮等元素的含量很少。这些元素主要以烷烃、环烷烃、芳香烃、含硫化合物、含氮化合物、含氧化合物的形式存在。除上述五种元素外，还有微量的金属元素(如铁、钴、镍、钒、铜等)和非金属元素(如氯、硅、磷等)。

根据成分不同，原油可分为石蜡基（含有较多石蜡，凝固点高，主要成分为直链烷烃）、环烷基（含有较多环烷烃，凝固点较低）、芳香基（含有较多芳香烃、胶质及硫）、混合基（含有烷烃、环烷烃、芳香烃，而且数量相近）。我国大庆油田及许多地区的油田所产原油均属于石蜡基原油。根据硫含量的高低，原油可分为低硫原油（含硫量小于 0.5%）、含硫原油（含硫量 0.5%～2.0%）、高硫原油（含硫量大于 2.0%）。我国的原油一般属于低硫原油或含硫原油。

（二）石油的加工

石油的组成非常复杂，各组分的性质和用途也都不相同，可根据各组分的沸点不同，采用蒸馏和分馏法进行分离。蒸馏所得的轻油仅占原油的 1/4～1/3。还有一种方法是裂化或裂解，即在一定条件下，将相对分子质量较大、沸点较高的烃断裂为相对分子质量较小、沸点较低的烃的过程。石油裂化还可以提高辛烷值来制取高质量的汽油，这也是汽油改性的主要目标。 除此之外，还有催化重整、加氢精制等加工方法。

1. 蒸馏和分馏

烃类物质的沸点随碳原子数增加而升高。在蒸馏时沸点低的烃类先汽化，经过冷凝后得以分离，所得产品称为低沸点馏分。低沸点的烃类物质完全分离出去以后，温度继续升高，沸点较高的烃汽化，经过冷凝，分离出高沸点馏分。

分馏过程在分馏塔中进行，分馏塔内有多层塔板，各层塔板间有一定的温差。这样，不同的馏分分别停留在不同位置的塔板处，通过不同的管路被收集起来，实现了石油气、汽油、煤油、柴油等物质的分离。

由于物质的沸点会随着压力的减小而降低，因此分馏时往往先在常压下获得低沸点馏分，然后在减压状况下获得高沸点馏分。每个馏分中还含有多种化合物，可以再进一步分馏。例如，石油气进一步分馏可以获得乙烯、丙烯、丁烯、丁二烯等多种宝贵的化工原料。石油气分离出烯烃以后所剩余的低分子烷烃（主要是丁烷，也有少量的戊烷和己烷）加压液化就成为了人们日常使用的液化石油气。

石油分馏的产物包括轻油和重油。轻油主要是指汽油（沸程为 30～180℃）、煤油（沸程为 180～280℃）。重油是指沸程为 280～400℃的馏分，如润滑油、重质燃料油。

2. 裂化或裂解

通过加热分馏获得的重质油或油渣，其成分的分子量较大，可通过裂化或裂解转变为小分子烃类。石油的裂化主要有热裂化、催化裂化及加氢裂化等。热裂化是通过加热的方法把重质油或渣油中的大分子烃类转变成小分子烃类的过程。催化裂化是在热和催化剂的作用下，重质油发生裂化反应，转变为裂化气、汽油和柴油的过程。加氢裂化是在催化剂作用下，重质油与氢气发生加氢、异构、裂化等反应，使大分子烃类变成小分子烃类，用以生产液态烃、汽油、煤油、柴油等。

3. 催化重整

催化重整是指在催化剂的作用下，烃类分子重新排列为新的分子结构的工艺过程。

高辛烷值汽油由原油在加热加压和催化剂的条件下蒸馏所得的轻汽油馏分转变而来，也被称为重整汽油。重整汽油中富含芳烃，可经芳烃抽提制取苯、甲苯和二甲苯。除此之外，催化重整过程中还会产生氢气、氮气、燃料液化气等副产品。

4. 加氢精制

加氢精制法是最重要的精制方法之一，可将石油中的硫、氧、氮等杂质相应地转变为硫化氢、水和氨气而除去，还可将烯烃、二烯烃及芳烃中的部分双键加氢，从而使石油的质量得以改善。这样精制后的石油不仅可以延长发动机等设备的使用寿命，还可以减少环境污染。

（三）石油产品

石油产品十分广泛，涉及很多行业和领域，主要分为燃料、润滑剂、溶剂与化工原料、固体石油产品四大类。燃料是用量最大的石油产品，按其用途和使用范围可以分为点燃式发动机燃料、喷气式发动机燃料、压燃式发动机燃料、液化石油气燃料和锅炉燃料。润滑剂在石油产品中占比不大，产量仅是整个石油总产量的 2%～3%，但是品种很多，包括润滑油、润滑脂、固体润滑剂及气体润滑剂四大类。其中，润滑油和润滑脂主要用于机械设备的润滑和保养。溶剂与化工原料类包括芳烃溶剂、溶剂油，以及乙烯、丙烯、苯、甲苯、二甲苯等石化原料，这些石化原料广泛用于化工、塑料、橡胶、纺织、燃料等行业。固体石油产品包括石油沥青、石油蜡和石油焦炭。

二、天然气

天然气通常是指储存于地层较深部分的一种富含碳氢化合物的可燃气体，是一种重要的能源，广泛用作城市燃气、工业燃料及化工原料。天然气的主要成分是甲烷，根据不同的地质形成条件，含有不同数量的乙烷、丙烷、丁烷、戊烷、己烷等低碳烷烃，以及二氧化碳、氮气、氢气、硫化物等非烃类物质，有的气田中还含有氦气。

（一）天然气的加工

天然气与石油同属埋藏在地下的烃类资源，二者的加工工艺与产品之间有密切的关系。天然气的加工过程有净化分离和化学加工。净化分离是指将地下开采出的天然气在气井现场经脱水、脱砂与分离凝析油后，根据气体组成进行进一步的净化分离加工。化学加工是指在高温条件下采用化学方法对天然气进行热裂解，将饱和的低碳烷烃转变为不饱和烃和氢气，甚至完全分解为炭黑。

（二）天然气的利用

天然气是一种较为清洁环保的优质能源，其利用途径主要有两方面。其一是作为能源。天然气几乎不含有害物质，燃烧产生的二氧化碳也比其他化石燃料少，对环境污染小。而且天然气是无毒的，密度比空气小，不易积聚成爆炸性气体，使用起来比较安全。

天然气既可作为民用燃气和工业燃料，也可用于发电。随着居民生活水平的提高，私家车数量越来越多，对于汽油的需求量越来越大，但石油储量却在不断减少。为了应对能源危机，人们研制出了以天然气作为燃料的燃气汽车。另外，随着天然气制冷技术的进步，人们还研制出了吸收式制冷空调，拓宽了天然气的应用领域。其二，天然气可作为化工原料。以天然气作为原料合成氨气、甲醇是国际公认的最具性价比的合成路线。

科普知识小链接——西气东输工程

西气东输工程的“西气”主要是指在新疆塔里木盆地发现的天然气资源。西气东输工程已建设 4 200 千米左右的管道，将塔里木盆地的天然气经过甘肃、宁夏、陕西、山西、河南、安徽、江苏输送到上海、浙江，供应沿线各省的民用和工业用气。西气东输管道是中国目前距离最长、管径最大、投资最多、输气量最大、施工条件最复杂的天然气管道。西气东输工程正不断提升中国天然气在整个能源消费中所占的比例，改写中国能源消费结构。

第四节　新能源时期人们使用的能源

在过去很长的一段时间里，建立在煤炭、石油、天然气等化石燃料基础上的能源体系极大地推动了人类社会的发展。无论是以煤炭为燃料的蒸汽机的诞生，还是石油和天然气促进的电力、石油化工等行业的大幅度进步，都促进了经济的发展，提高了人们的生活水平。但是，这些化石燃料在发展经济的同时，所带来的环境污染和生态系统破坏也不可忽视。21 世纪以来，世界能源向石油以外的能源物质转换已经势在必行。特别是新能源的开发和利用已经成为各国优先发展的关键领域之一。新能源包括本章第一节讲述的太阳能、风能和水能，还有生物质能、核能、氢能、地热能、海洋能等。

一、生物质能

生物质能是动物、植物、微生物，以及它们代谢或排泄的有机物中储存的能量。生物质能直接或间接来自太阳能，是一种独特的可再生能源，可转化成常规的固态、液态和气态燃料。绿色植物(包括某些细菌)可以吸收光能，先把二氧化碳和水转化为有机物，然后通过生物的食物链传递，储存到各种动物体内。通常人们使用的生物质能主要包括各种作物秸秆、柴草、薪柴、木材加工废弃物、谷壳、果壳、人畜粪便、有机废水和废渣等。

生物质能是人类最早利用的能源之一。早期利用生物质能的途径就是直接燃烧获取热量，后来随着科学技术的进步，人们通过各种转换技术将其转变为清洁燃料或电力，大大提高了能源利用率。生物质能转化利用的途径主要有热化学法、生化法和物理化学法。其中，热化学法包括气化、热解和液化。气化是指在高温条件下，将生物质中的固体或液体可燃组分转化为一氧化碳、氢气和甲烷等可燃性气体，用于供热或发电。该热化学反应需要氧气（空气、富氧或纯氧）、水蒸气或氢气作为气化剂。热解是指在无氧条件下，将生物质中的大分子分解为小分子（如乙酸、甲醇、木焦油、木炭等）。液化是指将固态生物质经一系列化学反应转化为液态燃料，如汽油、柴油、液化石油气、甲醇、乙醇等。

二、核能

核能是由原子核发生反应而释放出来的巨大能量。与化学反应和一般的物理变化不同，在核能生成的过程中，原子核发生变化，由一种原子变成了其他原子。核能可分为两种：核裂变能和核聚变能。核裂变是打开原子核的结合力，将一个质量大的原子变成两个质量轻的原子，并释放出大量的能量；核聚变是两个质量轻的原子，在高温下聚合成一个质量相对较大的原子，并释放出大量的能量。

核能可以用来发电、集中供热和海水淡化。核能发电是利用铀燃料进行核分裂链式反应所产生的热量，将水加热成高温高压的水蒸气，水蒸气推动汽轮机，汽轮机带动发电机发电。核能发电不会造成空气污染，也不会加剧温室效应。核燃料的能量密度比化石燃料高几百万倍，所以核电厂使用的燃料体积小，运输和存储都很方便，且核能发电的成本相对稳定。

三、氢能

氢元素位于元素周期表之首，原子量最小。氢气是密度最小的气体，也是导热性最好的气体。除此之外，氢的储量丰富，除核燃料外，它具有最高的能质比，且氢燃料性能好。氢能是最环保的能源，加之氢能的利用形式多样，让氢能备受青睐。

氢既可以直接用于化工生产，也可以作为燃料用于交通和生产生活中。

在化学工业中，氢是石油、化工、化肥和冶金中的重要原料。例如，在合成氨工艺过程中，氢就发挥了巨大的作用；在炼制汽油的催化裂解工艺过程中，也需要大量的氢气；氢还可以在石油工业中对含硫原料进行加氢脱硫。

在生产生活中，镍氢电池、燃料电池是成功利用氢能的途径。现如今，镍氢电池已经得到大规模生产，以氢为燃料的燃料电池也在家庭取暖、制冷、烧水等场景中广泛应用。以氢燃料电池为动力的汽车最引人注目，它不但环保而且效率很高，目前世界各大汽车公司都竞相开发氢燃料电池汽车，我国在氢燃料电池的研究方面亦取得了可喜成果，未来可能会将它作为清洁汽车的动力。

实验知识小链接——氢氧燃料电池的制作

实验器材

2B 扁形铅笔芯 2 根、9 V 碱性干电池 1 个、红色发光二极管 1 个、导线若干、开关

2个、海绵1块、250 mL烧杯1个、饱和硫酸钠溶液250 mL。

制作步骤

将海绵块浸泡在提前配制好的饱和硫酸钠溶液中，在海绵块上相隔 2～3 cm 插入2根扁形铅笔芯，用导线连接铅笔芯、开关及9 V碱性干电池的两极。将连有开关的红色发光二极管(注意二极管的正负极)分别接在2根铅笔芯上,即可完成整套装置的组装。观察实验现象。

思考与讨论

1. 什么是能源？
2. 比较化石能源与新能源，尝试概括出它们的不同。
3. 查阅资料，思考哪些能源可以进行发电，并比较它们的优缺点。
4. 概述新能源以后的发展趋势。

第九章　化学与环境

环境的好坏，与人类的生存、文明的兴衰息息相关。了解环境、保护环境已成为维持人类发展的重要任务。本章将从化学的角度阐述环境与环保知识，通过探究大气污染、土壤污染、水体污染，分析化学与环境的密切关系，并为大家介绍如何利用化学方法解决环境问题。

第一节　环境变迁

人类活动与环境之间的相互作用最早可追溯到远古时期。人类文明的发源地皆诞生于适宜发展农业或畜牧业的地区，如美索不达米亚平原、印度河流域、黄河流域等。那时森林茂密，土地肥沃，但在人类社会的生产过程中，刀耕火种、砍伐森林也会造成区域性的环境破坏，如西汉末年和东汉时期，为促进农业生产进行了大规模的开垦，导致土地日渐贫瘠。

18 世纪末到 20 世纪初，西方资本主义国家建立了煤炭、钢铁、化工等重工业，在这个时期，化学工业发展很快，种类日益繁多。新工业的出现往往带来新的污染，主要包括：废气污染，如焦油蒸馏出的硫化氢，铅室法制硫酸排出的二氧化硫，制造磷酸肥料产生的氟化氢；废液污染，如染料、炸药、酸碱精制等生产过程中排出的废酸、废碱，造纸工业的废液等；固体污染，如水泥工业的灰尘等。

第二次世界大战以后，许多工业发达国家出现了极其严重的环境污染现象，威胁着人类的生存。1962 年，美国科普作家蕾切尔・卡逊创作了《寂静的春天》，该书详细描述了由于滥用化学农药而造成的生态破坏，引起了西方国家的强烈反响。之后，许多国家开始关注环境问题。20 世纪 70 年代，人们进一步认识到地球上人类赖以生存的环境正在日趋恶化。1972 年，联合国通过了《联合国人类环境会议宣言》，呼吁世界各国政府和人民为维护并改善人类环境而共同努力。

我国于 1973 年召开了全国第一次环境保护会议。之后，我国制定并实施了一系列保护环境的方针、政策、法律和措施。党的十八大以来，我国保护生态环境的决心之大、力度之大是前所未有的，其获得的成效也同样是前所未有的，大气、水、土壤污染防治行动成效明显，祖国大地正在绿起来、美起来。

环境知识小链接——美国多诺拉事件

多诺拉位于蒙农格亥拉河边的河谷丘陵地带，是“钢都” 匹兹堡的一个工业卫星城。

小城里有大型炼铁厂、炼锌厂及硫酸厂。在生产过程中，这些工厂向大气中排放大量的二氧化硫、硫化氢、一氧化碳等有害气体，并伴有铅、锌、镉、铜等多种重金属的粉尘等污染物。这些污染物协同作用会对大气造成严重危害。例如，有工厂排出浓度不高的二氧化硫，同时，炼锌厂又排出含锌烟雾。在协同作用下，其毒性放大一倍以上。由于地势原因，河谷易被浓雾覆盖，出现逆温现象，污染物不易扩散，导致空气污染情况十分严峻。

从 1948 年 10 月 29 日起，连续几天，多诺拉城市上空笼罩着沉沉的烟雾。当地很多居民生病，症状是流泪、喉痛、胸痛、呼吸困难等。这次烟雾事件共造成约 6 000 人患病，约占全镇居民的 43%。多诺拉烟雾事件，被列为 20 世纪中叶世界环境污染八大公害事件之一。多诺拉事件典型地反映了美国城市化进程中工业卫星城的环境困境，促使我们今天加强城市环境安全建设。

第二节 大气污染

大气是由多种成分组成的混合物，其中含有氮气、氧气、二氧化碳及稀有气体等。大气中各组分的种类和含量几乎是不变的，为人类提供了一个稳定的生存环境。但人类活动或某种自然现象能够造成大气某种成分发生变化，或者引入其他成分。当人为源或天然源进入大气(输入)，会参与大气的循环过程，通过化学反应、生物活动和物理沉降等方式从大气中去除(输出)。如果某种物质输出的速率小于输入的速率，该物质就会在大气中相对集聚，造成其浓度升高。当浓度升高到一定程度时，就会直接或间接地对人、生物等造成危害。反之，浓度减少到一定程度也会对人、生物等造成危害。

一、雾霾

雾霾，是雾和霾的组合词。雾是一种常见的天气现象，是由近地面的水蒸气达到一定湿度后凝结成小水滴弥漫在大气中形成的自然现象。当空气中存在如 PM2.5 的细小颗粒物时，这些小颗粒可作为凝结核，使水蒸气在相对湿度不到 100%时迅速凝结成小水滴，即形成雾。雾是小水滴，其中含有高浓度的细小颗粒物。霾则是细小颗粒物吸附了凝结于其中或表层的水蒸气或水滴，弥漫在大气中。雾和霾通常相伴而生，都是大气污染的产物，与颗粒物及细颗粒物(PM2.5)相关。

雾霾不仅对人们的身体健康造成很大危害，而且对经济和社会的稳定发展也会产生很大的阻碍。雾霾包含数百种化学颗粒物质，如矿物颗粒物、硫酸盐、硝酸盐等，可直接吸附在人体呼吸道和肺泡中，引起鼻炎、急性支气管炎和心血管疾病等。雾霾天气除了直接危害人的身体健康，还会导致近地层的紫外线减弱，这样一来就会使空气中各种病菌的传播性增强。除此之外，雾霾还会影响交通安全，影响社会和经济的发展。

近年来我国出台了许多治理雾霾的政策和法规，力图从根源上减少雾霾污染的次数和程度。我国针对大气颗粒物及细颗粒物建立了大气监测预警应急体系，时刻检测大气环境；加大了天然气，以及风能、太阳能等新能源的开发力度，与此同时采取积极措施改革产业结构，逐步淘汰落后的产能。

二、臭氧层空洞

大气中约70%的臭氧(O_3)集中在离地面10～50 km的大气平流层中，这一层大气圈就称为臭氧层。20世纪70年代以来，世界各地的观测站都发现臭氧层的自然动态平衡遭到破坏，臭氧量出现耗减的迹象，经过证实是因为某些人类活动所产生的物质进入臭氧层，参与了使臭氧消亡的反应。20世纪80年代，人们发现在南极洲上空的臭氧总量在每年9月下旬至11月期间会急速下降一半左右，形成一个“空洞”，即臭氧层空洞，11月之后才逐渐恢复。

臭氧层本身对地球上的生物具有保护作用，臭氧层几乎吸收了太阳辐射中波长在300 nm以下的全部紫外线，减小了长波紫外线对生物的伤害。人们长期接受过量紫外线辐射，会引起自身免疫功能退化，诱发人体皮肤癌变等病症。农作物长时间遭受紫外线辐射，其品质和产量都会下降。此外，建筑物、雕塑、橡胶和塑料制品也会因为过量紫外线辐射而加速老化。

臭氧层空洞形成的真正原因是什么呢？正是生产生活中大量使用的氯氟烃(CFC，含有氯、氟元素的碳氢化合物)。氯氟烃稳定性好，不易分解，扩散进入臭氧层后，经过短波紫外线的照射，可以分解出氯自由基，从而参与对臭氧的消耗，氯自由基消耗臭氧的连锁循环反应过程如图9-1所示。

$$CF_xCl_y \longrightarrow \cdot CF_xCl_{y-1} + Cl\cdot$$

$$Cl\cdot + O_3 \longrightarrow ClO\cdot + O_2$$

$$O_2 \longrightarrow 2O\cdot$$

$$ClO\cdot + O\cdot \longrightarrow Cl\cdot + O_2$$

图9-1 氯自由基消耗臭氧的连锁循环反应过程

这样的反应不断循环，就形成了臭氧层空洞，每个游离氯自由基或溴自由基可以破坏约十万个臭氧分子。

为使臭氧层不致枯竭，联合国环境规划署于1987年9月组织了保护臭氧层公约关于含氯氟烃议定书全权代表大会，该会通过了《关于消耗臭氧层物质的蒙特利尔议定书》(以下简称《议定书》)。《议定书》规定的控制物质有两类，共8种。第一类为5种CFC，即CFC-11、CFC-12、CFC-13、CFC-14和CFC-15；第二类为3种哈龙(Halon)，即Halon 1211、Halon 1301和Halon 2402。近年来的研究表明，由于《议定书》的实施，南极平流层臭氧自21世纪以来开始缓慢恢复。2020年，班纳吉(Banerjee)等人首次发现，受到南极平流层臭氧长期损耗影响的南半球气候变化开始往好的方向发展。

三、酸雨

酸雨，是指 pH 值小于 5.6 的雨雪或其他形式的降水。大气酸化的主要原因是电力、钢铁等企业外排烟气中含有氮氧化物、二氧化硫、碳氢化合物等有害气体。这些有害气体与大气中的水分，经光化学、非光化学、均相、非均相等不同类型的大气化学反应造成大气酸化。当然，由于火山喷发等自然灾害而天然排放出的物质也可以造成大气酸化，进而导致酸雨的形成。

酸雨严重影响和破坏了地球的生态环境，并给人类社会带来了不少麻烦。酸雨会导致土壤酸化，影响植物的正常发育，使作物减产；可造成森林叶面损伤坏死，甚至造成植物死亡，使森林衰退；能腐蚀金属材料，导致建筑物的强度降低，从而损坏建筑物；酸雨降落在江河湖中时会直接导致鱼类和水生生物的死亡、消失，从而破坏水生环境生态系统的平衡。

世界各国政府和科学家极其重视有关酸雨防治措施的制定与实施，防治酸雨的主要措施有：①提高能源利用率，减少二氧化硫等污染气体的排放；②改变能源结构，使用清洁能源；③净化汽车尾气，在汽车尾气系统中安装净化器，降低汽车尾气中的一氧化碳、碳氢化合物、氮氧化物、铅等有害物质的排放；④加强绿化建设，利用树木、花草等植物可以调节气候、涵养水源、保持水土和吸收 SO_2 等有毒气体的特性更大范围地净化大气。

化学知识小链接——酸雨的 pH 值

空气的主要成分是 21%的氧气、78%的氮气、0.037%的二氧化碳，以及水蒸气和其他气体。空气中的二氧化碳溶于水形成碳酸：

$$CO_2 + H_2O \rightleftharpoons H_2CO_3$$

碳酸是弱酸，在水溶液中分两步进行电离：

$$H_2CO_3 \rightleftharpoons H^+ + HCO_3^-$$

$$HCO_3^- \rightleftharpoons H^+ + CO_3^{2-}$$

依据二氧化碳在空气中的浓度及常温下在水中的溶解度，算出洁净降水内的氢离子浓度，得出洁净降水的 $pH = 5.6$。除了二氧化碳，大自然内还具有其他酸性物质，导致降水进一步酸化，所以将 $pH < 5.6$ 作为酸雨的标准。

第三节　土壤污染

土壤污染是指土壤中的污染物超过土壤的自净能力，对土壤、植物和动物造成损害的状况。土壤污染物不包括土壤中原有的化合物，指土壤中新出现的合成化合物或增加的有毒化合物。事实上，未被污染的土壤中，也包含多种有毒物质，如汞、砷、铅、镉等，只是含量极少，对环境不产生危害。

土壤的特殊组成、结构和空间位置使其具有缓冲、同化和净化能力，可以抵抗一定程度的人类活动干扰，故土壤一度被认为具有无限抵抗人类活动干扰的能力。工业革命之后，工业生产导致的土壤环境问题日趋突出，土壤退化与环境污染不仅影响了人类的生产生活，甚至威胁到了人类的生命。事实告诉人类，土壤也是很脆弱的，一旦遭受污染，其治理的难度更大，危害的程度也更加深远。

一、土壤污染物

无机物和有机物都可能污染土壤环境。无机物方面，重金属和放射性元素的污染危害最严重，氟化物、酸、碱、盐等也会对土壤环境造成影响。这些污染物很难被土壤自净，而且很容易被植物吸收，通过食物链进入人体，危害人类健康。

有机物方面，有机农药、工业废水中的有机物、石油等都可能污染土壤，其中有些物质性质稳定不易分解，在土壤环境中会长时间存在并积累，造成潜在的污染危害。

二、土壤污染源

1. 工业污染源

煤是我国最重要的能源。煤燃烧排放的一氧化碳、二氧化硫、氮氧化物、烟尘、粉尘是工业生产排放的主要污染物。燃煤造成大气污染的治理措施之一是降低烟尘、粉尘的排放，这也是减少土壤污染的重要措施。

2. 农业污染源

农业污染源主要是化学农药和除草剂。喷洒农药和除草剂时，部分药物直接落在土壤表面，部分药物通过作物落叶和降雨等进入土壤。因此，过量施用高残毒农药会造成土壤污染。

3. 交通运输污染源

以传统燃油(汽油和柴油等)为动力的交通运输工具也是土壤污染的来源之一。这些交通运输工具在行驶过程中，会产生有毒物质或油类的泄漏，污染道路两侧的土壤。

4. 生物污染源

含有致病的各种病原微生物和寄生虫的生活污水及垃圾，以及被病原菌污染的河水等，都能造成土壤污染。

三、土壤污染的危害

土壤污染的危害远远大于大气污染和水体污染。污染物质若进入土壤，除部分有害物质通过土壤自净化过程而减少外，很多有害物质会在土壤中长时间滞留，难以消除，特别是一些重金属化合物，会长期危害作物，并且可以被作物吸收，以食物链的方式危害人畜健康，引起癌症等多种疾病。

土壤污染对我国的社会经济造成了很大的损失。以土壤重金属污染为例，因重金属污染，导致每年减产的粮食超过 1 000 万吨。此外，每年有多达 1 200 万吨粮食被重金属污染而不能食用，直接经济损失超过 200 亿元。土壤污染不仅造成经济损失，而且明显影响作物质量及食品安全。例如，使用污水灌溉种植的蔬菜，其味道会变差且容易腐烂等。

四、土壤污染的防治

土壤一旦受到污染，很难清除其中的污染物，因此土壤污染的预防比土壤污染的治理更为重要。控制污染源是避免土壤污染的有效方法。采用清洁生产技术可以有效地控制污染源，减少土壤污染的发生和蔓延。此外，合理的生产技术和开发方案，也可以减少土壤污染及其危害。目前，土壤污染修复技术包括玻璃化修复、工程修复、高温热解、电动修复、冲洗修复和生物修复。土壤污染修复技术的研究已成为土壤污染防治工作的重点。

化学知识小链接——化学修复技术

化学修复技术是采用化学药剂与土壤中的污染物进行反应，使其降解或转化为低污染的物质。土壤修复中应用的化学修复技术有：氧化还原技术、化学脱卤法、淋溶法、改良剂修复技术等。氧化还原技术和化学脱卤法可用于处理土壤中的重金属和有机物。淋溶法先用化学淋洗液将土壤中的重金属转化为液相，再处理含有重金属的废液。值得注意的是，淋溶法在去除重金属的同时，会带走土壤中的其他营养物质，并存在污染地下水的风险。改良剂修复技术是指改良剂与土壤中的污染物发生氧化还原反应，改变污染物的形态，并实现污染物的降解，从而恢复土壤生态功能。目前，应用较多的改良剂有石灰、沸石、磷酸盐等。改良剂修复技术虽然能够在较短时间内修复被重金属污染的土壤，但是修复得不彻底，需要辅助其他修复技术。

第四节　水体污染

水是人类的生命之源。水体因某种物质的介入使水的化学、物理、生物或放射性等方面特性改变，从而导致水体污染。水体污染不仅影响水的有效利用，还会危害人体健康、破坏生态环境等。

水体污染主要是由人类活动产生的污染物造成的，主要包括工业污染、生活污染、面源(非点源)污染三大源头。工业污染是造成地面水和地下水污染的主要来源；生活污水中含有有机物、病原菌、虫卵等，直接排放会渗入地下造成水体污染；面源(非点源)污染则包括雨水及雪融化成水后流入水体，以及农田使用的化肥和农药流到水中等污染。

一、水资源污染物

1. 重金属污染

污染水体的重金属主要有汞、镉、铅、铜等，主要来源于采矿、冶炼、电镀、电池、化工、农药等产业排放的废水。

重金属污染的危害：微量浓度的重金属(一般为 1～10 mg/L，汞、镉为 0.01～0.001 mg/L)即可产生危害。重金属可以在微生物作用下转化为毒性更强的有机金属化合物(如甲基汞)，被生物富集后，通过食物链进入人体，引发慢性疾病。汞、镉、铅、锌、硒、铜、砷等重金属元素与人体组织中某些酶的巯基(-SH)发生化学反应，能导致酶的活性受到抑制。铁、镍等元素可在人体的肾、脾、肝等器官内累积，还会抑制精氨酶的活性。

2. 其他无机物污染

除重金属外，其他无机污染物包括各种有毒金属及其氧化物，以及酸、碱、盐类、硫化物和卤化物等。一些轻金属和非金属也是具有潜在危害的污染物，如砷(As)是非金属，但是它的毒性及某些性质类似于重金属，因此在研究水污染时常将砷与重金属一道阐述。

我们这里阐述酸、碱及一般无机盐类污染。水体中的酸主要来源于冶金、金属加工、人造纤维、硫酸、农药等工厂排放的酸性废水，矿山排水及进入水体的酸雨。碱法造纸、制碱、制革、炼油及化学纤维等工业废水是水体中碱性物质的主要来源。酸性废水与碱性废水发生中和反应，生成各种盐。酸性废水(或碱性废水)与地表物质发生反应，也可以生成无机盐。所以酸和碱的污染必然伴随着无机盐的污染。水体中的这些反应，对缓冲天然水的 pH 值变化有重要意义。但是，严重的酸碱污染会破坏自然缓冲，造成水的 pH 值增高或降低，使水中生物无法正常生存和繁殖，同时妨碍水体自净，最终导致水质恶化。

3. 有机物污染

有机污染物具有毒性，能使水中溶解氧减少，对生态系统产生影响，进而危害人体健康。一般认为，水中有多少种有机化合物，就有多少种有机污染物。几乎所有有机化合物都是在某种情境下有益，而在另一情境下则会变为有机污染物。例如，农药在农业生产中用于保障农作物的生长和产量，但在使用时会散落在土壤和水体中，通过食物链进入人体，成为有机污染物。

有机物的人为排放源有：生活污水和养殖场污水、食品厂和造纸厂排放的废水等。这些污水或废水中含有大量的碳氢化合物、蛋白质、脂肪等。它们在水中好氧微生物的参与下，与氧作用分解为结构简单的物质从而消耗水中溶解的氧，所以这些有机物称为耗氧有机物。微生物分解有机物的反应如下：

$$碳氢化合物+O_2 \xrightarrow{好氧微生物} CO_2+H_2O$$

$$含硫有机化合物+O_2 \xrightarrow{好氧微生物} CO_2+H_2O+SO_4^{2-}$$

$$含氮有机化合物+O_2 \xrightarrow{好氧微生物} CO_2+H_2O+NO_3^-$$

天然水体内溶解氧一般为5～10 mg/dm^3。水中含有大量耗氧有机物会使溶解氧的浓度急剧下降，导致鱼类及其他水生生物大量死亡。若水中的含氧量太低，这些有机物又会在厌氧微生物参与下，与水作用生成甲烷、硫化氢、氨等物质，使水变质发臭。

$$含硫和氮的有机化合物+O_2 \xrightarrow{厌氧微生物} CO_2+H_2S+CH_4+NH_3$$

4. 细菌与病毒污染

水体受到细菌和病毒的污染，对人体健康造成的实际和潜在危害要比其他水体污染大，可能会导致肠胃疾病、呼吸道感染等。它们的主要来源是人和动物的粪便、污水、堆积的垃圾、死亡的动植物等。

二、水体的净化

水资源属于稀缺性资源，除了践行节约用水，可以通过减少污染源排放，加强对水体及其污染源的监测和管理，尽可能防止水体污染，并积极对各种废水进行净化处理。对于不同的污染物应采取不同的污水处理方法。污水处理方法有以下几种。

臭氧可消毒杀菌、脱色、除臭、除味；可改变活性污泥的性能，改善水的感官性能；可去除水中各种重金属离子，如汞、锌、铁等；可去除水中悬浮固体，使胶体凝聚、沉淀过滤，从而降低水体浊度；可去除水中酚、氰、硫、烷基苯磺酸盐、有机磷等致癌物质。臭氧作为强氧化剂、消毒剂广泛应用于工业给水和饮用水的处理，以及废水的处理和回用等方面。

膜生物反应器是一种将膜分离单元和生物处理单元相结合的新型水处理设备，能去除有机污染物、无机污染物及微生物等，广泛用于城市污水处理及水资源再生领域。它的特点是分离效率高、污泥产量少、出水水质好等。

电化学技术可通过电子的定向转移和精准调控，实现对污染物的降解与转移，对于高效自动化处理工业污染具有重要意义。它具有多重优势：反应条件温和，处理装置简单，工艺灵活及可操作性强。根据电化学技术应用环境的不同，可进一步分为电絮凝、电催化氧化、电还原和电吸附。

吸附法由于设备和技术简单，适用于多种物质的去除，因此广泛应用于污水处理。吸附剂有很多种，利用固体废物作为吸附剂，从经济与环保方面来看是一种不错的选择。例如，秸秆的产量大，是一种低成本的纤维素材料，因具有离子交换能力，故可作为吸附剂。普通玉米秸秆的吸附能力较差，需要经过改性处理。物理改性通常包括对玉米秸秆的剪切、粉碎或微波改性等，使其孔径体积和表面积增加，从而增强吸附能力。化学改性是通过化学作用破坏纤维素的羟基形成的分子间氢键，以增强秸秆对污染物的吸附能力。总之，将秸秆改性，不仅可实现废弃物的有效利用，还缓解了秸秆焚烧所带来的环境压力。

生活知识小链接——矿泉水是否越新鲜越好

矿泉水采自地质深层，常溶解岩石中放射性物质在衰变过程中释放出来的氡。由氡的半衰期可知，瓶装矿泉水存放时间越久，氡的浓度越低。例如，存放 1 天，其浓度降至 83.4%；存放一个月，其浓度则降至 0.44%。可见，新鲜的瓶装矿泉水反而不适宜饮用，应在矿泉水灌装出厂一个月后再饮用。

思考与讨论

1．什么是雾霾？有什么特点？
2．什么是臭氧层空洞？氟利昂是怎样破坏臭氧层的？简述其化学过程。
3．酸雨是什么？它有什么危害？应该怎么防护？
4．土壤污染有哪些污染源？

参考文献

[1] 徐清泉. 中国服饰艺术论[M]. 太原：山西教育出版社，2001.
[2] 徐冬梅. 走进化学[M]. 北京：科学出版社，2019.
[3] 赵翰生，刑声远，田方. 大众纺织技术史[M]. 济南：山东科学技术出版社，2015.
[4] 苏光荣，蒋敏，李霞镇，等. 浅谈纺织用竹纤维发展现状[J]. 标准科学，2018(07)：102-106.
[5] 廖江波，任春光，杨小明. 先秦两汉石染矿物颜料及其染色考[J]. 广西民族大学学报(自然科学版)，2016，22(03)：50-54.
[6] 王文利，位青松，张晓飞. 硫化染料的开发及其应用性能的拓展[J]. 染料与染色，2008，45(06)：8-10.
[7] 宋甜甜，蔡再生. 红花红色素的提取及染色性能研究[J]. 国际纺织导报，2018(10)：28-33.
[8] 郑巨欣，陆越. 古代贝紫染色工艺的历史[J]. 装饰，2011(04)：54-57.
[9] 黄小萃，王毅婧，刘臣，等. 真丝绸胭脂虫红色素无媒染色[J]. 上海纺织科技，2020，48(08)：28-32.
[10] 刘崇乐. 紫胶虫与紫胶[J]. 生物学通报，1957(05)：4-11.
[11] 孙立群. 古代士人的饮食观[J]. 书香天地，2022(03)：56-58.
[12] 邓泽元，乐国伟. 食品营养学[M]. 南京：东南大学出版社，2007.
[13] 孙秀发，周才琼，肖安红. 食品营养学[M]. 郑州：郑州大学出版社，2011.
[14] 丁文平，王月慧，丁霄霖. 大米淀粉胶凝和回生机理的研究[J]. 粮食与饲料工业，2003(03)：12-14，17.
[15] 李艳平，马冠生. 蔬菜、水果的营养与健康[J]. 中国食物与营养，2002(2)：42-44.
[16] 刘红英，高瑞昌，戚向阳. 食品化学[M]. 北京：中国质检出版社，2013.
[17] 尤启东. 药物化学[M]. 北京：人民卫生出版社，2013.
[18] 张忠，郭巧玲，李凤林. 食品生物化学[M]. 北京：中国轻工业出版社，2009.
[19] 王淼，吕晓玲. 食品生物化学[M]. 北京：中国轻工业出版社，2009.
[20] 周才琼. 食品营养学[M]. 北京：高等教育出版社，2011.
[21] 孙平. 食品添加剂[M]. 北京：中国轻工业出版社，2009.
[22] 胡小松，陈芳，沈群. 食品安全与日常饮食[M]. 北京：中国农业大学出版社，2010.
[23] 张端富. 建筑材料发展史梗概[J]. 云南建材，1987(04)：45-48，44.
[24] 叶志明. 新世纪土木工程系列教材土木工程概论[M]. 北京：高等教育出版社，2009.
[25] 徐昊，李萍，周彬，等. 奥氏体不锈钢设备腐蚀问题研究[J]. 中国设备工程，2020(08)：46.
[26] 杜海滨，胡海权，赵妍. 中国古代造物设计史[M]. 沈阳：科学技术出版社，2014.
[27] 彭德清. 中国航海史(古代航海史)[M]. 北京：人民交通出版社，1988.
[28] 汪涛，李松焱. 汽车文化[M]. 北京：国防工业出版社，2011.

[29] 赫兰 F. 自行车的回归：1817—2050[M]. 乔溪译. 北京：中国社会科学出版社，2018.
[30] 迈利克 P K，等. 汽车轻量化——材料、设计与制造[M]. 于京诺，宋进桂，梅文征，等译. 北京：机械工业出版社，2012.
[31] 李志裕. 药物化学[M]. 南京：东南大学出版社，2009.
[32] 李仁利. 病魔克星——药物化学漫谈[M]. 长沙：湖南教育出版社，1998.
[33] 满春霞，邹武捷，杨淑苹，等. 麻醉药品和精神药品管制研究Ⅳ——我国麻醉药品和精神药品的管制历程与现状[J]. 中国药房，2017，28(01)：18-22.
[34] 宋成英，张知贵. 药品、毒品与兴奋剂[M]. 西安：第四军医大学出版社，2013.
[35] 张西. 苯丙胺类兴奋剂三次滥用高峰的历史嬗变[J]. 中国人民公安大学学报(自然科学版)，2011，17(01)：27-34.
[36] 张婉萍.《化妆品配方与工艺技术》第四讲 毛发清洁类化妆品[J]. 日用化学品科学，2019，42(05)：48-56.
[37] 刘梦茜，周园，刘珍如，等. 甲化妆品的临床应用及不良反应[J]. 中国美容医学，2019，28(12)：163-166.
[38] 里踪. 法国的明星级香水[J]. 中国化妆品，1996(04)：16-17.
[39] 夏铮南，王文君. 香料与香精[M]. 北京：中国物资出版社，1998.
[40] 李兆志. 中国毛笔[M]. 北京：新华出版社，1994.
[41] 周为群，杨文. 现代生活与化学[M]. 苏州：苏州大学出版社，2016.
[42] 江家发. 现代生活化学[M]. 合肥：安徽人民出版社，2006.
[43] 刘旭峰. 生活中的化学[M]. 北京：中国纺织出版社，2019.
[44] 李柯. 不同类型胶水结构及未来发展趋势[J]. 化工设计通讯，2020，46(07)：52，75.
[45] 寇丹. 水彩画纸张与颜料的发展及画面表现效果研究[D]. 西安：西安建筑科技大学，2019：32-35.
[46] 苏道玮，栗壮志，高施韩，等. 油画颜料研究现状[J]. 广东化工，2022，49(17)：111-113，107.
[47] 廉婕，张娜. 中国传统国画颜料与现代合成颜料的化学比较——评《有机颜料化学及工艺学》[J]. 分析化学，2019，47(10)：1710.
[48] 梁英豪. 化学与能源[M]. 南宁：广西教育出版社，1999.
[49] 李传统. 新能源与可再生能源技术(第2版)[M]. 南京：东南大学出版社，2012.
[50] 周建伟，周勇，刘星. 新能源化学[M]. 郑州：郑州大学出版社，2009.
[51] 任小勇. 新能源概论[M]. 北京：中国水利水电出版社，2019.
[52]《环境科学大辞典》编委会. 环境科学大辞典(修订版)[M]. 北京：中国环境科学出版社，2008.
[53] 上海市科学技术委员会，上海市环境保护局. 保护臭氧层 为了子孙万代[M]. 上海：上海科学技术文献出版社，1995.
[54] 田文寿. 南极臭氧层逐渐恢复[J]. 中国科学基金，2021，35(02)：237-238.
[55] 白希尧，孙杰. 酸雨治理新技术[J]. 自然杂志，1993(03)：32-37.
[56] 夏立江，王宏康. 土壤污染及其防治[M]. 上海：华东理工大学出版社，2001.
[57] 汪晋三，黄新华，程国佩. 水化学与水污染[M]. 广州：中山大学出版社，1990.
[58] 祝国梁，陈业伟，陈露，等. 疏松纳滤膜生物反应器污水资源化处理研究[J]. 水处理技术，

2023(03)：109-113.

[59] 郭桢，张华东，岳鹏，等. 电化学脱氮技术在污水处理厂尾水处理中的应用研究分析[J]. 清洗世界，2023，39(02)：12-14.

[60] 张韶珂，王梦丽，张杰，等. 改性玉米秸秆在污水处理中的应用[J]. 应用化工，2023，52(03)：815-819，826.

[61] 毕研伟. 天然彩棉的性能分析及发展趋势[J]. 山东纺织科技，2017，58(04)：4-7.

[62] 薛晶文. 推动合成纤维跨界融合 努力实现从“跟跑”到“领跑”[N]. 中国石油报，2021-07-22(006).

[63] 牛方. 同行筑梦“绿色纤维”再添三家新成员[J]. 中国纺织，2021(Z3)：91.

[64] 张红鸣. 中国古代纸染色用天然染料[J]. 染料与染色，2020，57(01)：29-34.

[65] 徐静，刘晓. 葡萄皮色素的提取及在棉织物染色中的应用[J]. 印染助剂，2017，34(02)：32-36.

[66] 唐秀琴. 靛蓝及茜草植物染料在涤纶纤维染色中的应用研究[D]. 武汉：武汉纺织大学，2020：5-7.

[67] 汪媛，彭勇刚，纪俊玲. 微胶囊化分散染料在涤纶上染色扩散系数研究[J]. 针织工业，2021(02)：52-55.

[68] 朱长超. 古代饮食的启示[J]. 自然与科技，2008(06)：34-37.

[69] 朱建军. 肉类的营养价值及宜食用量[J]. 肉类工业，2015(03)：54-56.

[70] 吕慧. 基于近红外光谱技术的大米品质分析与种类鉴别[D]. 合肥：安徽农业大学，2011：8.

[71] 杨玉萍. “直接碘量法测定果蔬中维生素 C 含量”实验教学[J]. 新乡学院学报：自然科学版，2012，29(05)：471-472.

[72] 陈艳艳. 味精——关于氨基酸性质的实验设计[J]. 中学化学教学参考，2015(10)：53-54.

[73] 吕晓超，封雪，惠香，等. 食品中蛋白质检测方法研究进展[J]. 食品安全导刊，2022(08)：143-145.

[74] 俞淑，张呈祥，印杰. 一种快速提取乳粉中脂肪测定过氧化值的研究探讨[J]. 轻工标准与质量，2022(02)：66-68，72.

[75] 袁东海. 青砖 红砖 青红砖[J]. 砖瓦世界，2017(11)：55-58.

[76] 杨广军. 在思维的空间里漫游——化学趣味探索实验[M]. 天津：天津人民出版社，2011.

[77] 徐雄峰. 水泥搅拌桩成桩原理与条件[J]. 中国农村水利水电，2006(08)：116.

[78] 周志华. 化学与生活·社会·环境[M]. 南京：江苏教育出版社，2007.

[79] 新华社. 不锈钢保温杯不宜装绿茶或酸性饮料[J]. 保鲜与加工，2016，16(02)：14.

[80] 王凯，桂波，叶鹏. 铝合金门窗设计与制作安装研究[J]. 中国建筑金属结构，2020(07)：88-89.

[81] 董金狮. 塑料制品标识解读[J]. 湖南包装，2010(04)：45-46.

[82] 何学高，黄晓华. 中国古代生漆加工及利用史略[J]. 东北农业大学学报(社会科学版)，2019，17(05)：83-89.

[83] 郭丽君，宫晋英. 几种示温涂料的研制[J]. 青岛大学学报(工程技术版)，2011，26(6)：78-81.

[84] 王丽萍，王俊，王冬梅，等. 不同水培植物对室内甲醛污染吸收能力的研究[J]. 中南林业科技大学学报，2020，40(01)：160-168.

[85] 杜云云. 浅谈居室苯中毒[J]. 中国城乡企业卫生，2011，26(01)：78.

[86] 谭占仙. 绿色家装重在控氨[J]. 建筑，2009(06)：47-48.

[87] 雷军，尚东辉. 新装修居室内放射性污染物及氡的现场调查研究[J]. 内蒙古科技与经济，

2014(03)：100-101.
[88] 郭瑞霞，李力更，付炎，等. 天然药物化学史话：奎宁的发现、化学结构以及全合成[J]. 中草药，2014，45(19)：2737-2741.
[89] 朱安远. 青蒿素之母——诺贝尔奖得主屠呦呦[J]. 世界科学，2022 (08)：4-57.
[90] 任婧，李毓龙，杨晓霖，等. 疾病叙事阅读："小人国"里的"大发现"——链霉素的故事[J]. 医学与哲学，2020，41(18)：68-71.
[91] 徐本益. 氯霉素治疗伤寒的综述[J]. 中级医刊，1959(05)：4-6.
[92] 胡羽添，陈孝银. 中药化妆品——古老而新兴的中药产业(上)[J]. 贵阳中医学院学报，2005(01)：12-14.
[93] 张秉新. 中药"洗发水"，乌发防脱又止痒[J]. 中医健康养生，2018，4(08)：30-31.
[94] 戴殷，陈文，卢志敏，等. 脂肪酸甲酯磺酸钠(MES)在沐浴露中的应用[J]. 中国洗涤用品工业，2020(10)：31-34.
[95] 刘磊，孙树文，王建明，等. 中药人参在美白护肤品中的应用[J]. 黑龙江医药，2012，25(01)：113-114.
[96] 陈志华，杜晶. 变色口红的研究[J]. 香料香精化妆品，2021(02)：40-44.
[97] 许愿. 素颜霜让女神们都 high 起来 解读热门概念"素颜霜"中的秘密[J]. 中国化妆品，2018(08)：67-71，66.
[98] 陈燕飞，尹诗欣，杨家臣，等. 紫甘蓝色素及其在化妆品中的应用[J]. 韶关学院学报，2021，42(03)：65-69.
[99] 朱友舟.中国古代毛笔研究[D]. 南京：南京艺术学院，2012：99-101.
[100] 蒲章绪. 近十年酸雨污染变化特征大数据分析方法研究[J]. 环境科学与管理，2020，45(10)：59-63.
[101] 施敏，倪静安，张墨英. 氡——居室中的隐蔽杀手[J]. 化学教育，1998(09)：1-3.
[102] 任广辉. 浅谈石油的历史[J]. 今日科苑，2007(16)：276.
[103] 韦定江，苑志江，蒋晓刚. 橡胶在舰船中应用现状及发展[J]. 中国新技术新产品，2021(05)：62-64.
[104] 梁英豪. 化学与能源[M]. 南宁：广西教育出版社，1999.10.
[105] 肖芮，万莉，徐波，等. 氢氧燃料电池实验的改进[J]. 化学教育(中英文)，2019，40(21)：74-76.
[106] 姜立杰."多诺拉事件"与美国历史上的卫星城环境问题[J]. 前沿，2006(06)：162-165.

反侵权盗版声明

举报电话：（010）88254396；（010）88258888

传　　真：（010）88254397

E-mail:　　dbqq@phei.com.cn

通信地址：北京市海淀区万寿路 173 信箱

　　　　　电子工业出版社总编办公室

邮　　编：100036